手绘表现技法

主　编　汪继锋　王　慧
副主编　蔡紫君　陈　英

北京理工大学出版社
BEIJING INSTITUTE OF TECHNOLOGY PRESS

内 容 提 要

本书是校企共建教材,是建筑室内设计专业国家资源库课程"室内手绘色彩表现技法"和省级在线开放课程"手绘表现技法"的配套教材。本书包括室内手绘表现基础、室内透视与家具表现、室内空间效果图表现、室内空间色彩表现、室内空间项目设计表现、优秀手绘作品欣赏6个项目21个任务,是为室内设计师、手绘设计爱好者及从业人员量身打造的手绘表现实操书籍。

本书可作为高等院校建筑室内设计、建筑装饰工程技术、室内艺术设计、环境艺术设计等专业的教学用书,也可作为相关行业设计师和从业人员的参考书。

图书在版编目(CIP)数据

手绘表现技法 / 汪继锋,王慧主编. -- 北京:北京理工大学出版社,2023.4

ISBN 978-7-5763-1972-9

Ⅰ.①手… Ⅱ.①汪… ②王… Ⅲ.①室内装饰设计
—绘画技法 Ⅳ.①TU204.11

中国版本图书馆CIP数据核字(2022)第258681号

出版发行 / 北京理工大学出版社有限责任公司

社　　址 / 北京市海淀区中关村南大街5号

邮　　编 / 100081

电　　话 / (010)68914775(总编室)

　　　　　(010)82562903(教材售后服务热线)

　　　　　(010)68944723(其他图书服务热线)

网　　址 / http://www.bitpress.com.cn

经　　销 / 全国各地新华书店

印　　刷 / 河北鑫彩博图印刷有限公司

开　　本 / 889毫米×1194毫米　1/16

印　　张 / 13.5　　　　　　　　　　　　　　　　责任编辑 / 钟　博

字　　数 / 378千字　　　　　　　　　　　　　　文案编辑 / 钟　博

版　　次 / 2023年4月第1版　2023年4月第1次印刷　责任校对 / 刘亚男

定　　价 / 89.00元　　　　　　　　　　　　　　责任印制 / 王美丽

前言 PREFACE ····················· ⊙

在建设美丽中国的进程中，行业设计师通常通过手绘"蓝图"，来表达设计思维及进行创意展示。手绘已成为室内装饰设计师最直接的"视觉语言"。

本书是为满足高等院校"技能型"人才培养目标的教学需求，依据企业人才培养的需要而编写的。为了贴近建筑装饰行业实际，对接工作一线，企业人员深度参与了本书的开发和编写，保证了本书的前沿性、实践性、科学性。

本书共分为室内手绘表现基础、室内透视与家具表现、室内空间效果图表现、室内空间色彩表现、室内空间项目设计表现、优秀手绘作品欣赏 6 个项目。项目一主要讲解手绘表现的基本方法，线条运用及室内平、立面图手绘表现；项目二主要讲解透视原理、平行透视与成角透视的绘制步骤和方法，室内陈设单体、组合及配饰的表现方法；项目三主要讲解室内空间构图及各类型空间效果图的具体应用；项目四主要讲解运用马克笔表现不同材质的质感及各类型陈设上色的具体应用，再现场景空间的艺术效果；项目五培养学生的应用能力和造型表现能力，使学生能够根据客户需求，绘制手绘效果图，从而满足设计师基础岗位能力要求；项目六启发学生的创造力，提高其审美素养，为后期专业设计打下坚实的基础。

本书由襄阳职业技术学院汪继锋、王慧担任主编，由北京海天恒基装饰集团股份有限公司蔡紫君、陈英担任副主编。

为了方便教学，书中每个任务都附有教学视频资源，读者可扫描书中的二维码观看相应资源，随扫随学，激发自主学习的兴趣，打造高效课堂。选用本书作为教材的教师，可登录智慧职教平台建筑室内设计国家资源库、智慧职教 MOOC 平台免费下载电子课件、手绘图纸等配套资源。

本书在编写过程中，参阅了大量的资料，在此对相关作者深表谢意！对关心本书编写的朋友和北京理工大学出版社的大力支持表示衷心的感谢！

限于编者水平，书中不足之处在所难免，恳请读者不吝赐教，以便不断修订与完善。

编 者

目录 CONTENTS

项目一 | 室内手绘表现基础

项目导学

　　手绘是设计师表达情感、展示方案、体现创意最直接的"视觉语言"。每一幅手绘作品都是独一无二的，富有生命力及艺术感染力。

　　线条是手绘最基本的表现手法，它有长短、粗细、轻重、疏密等变化，其本身变化无穷。要想快速画出流畅、轻松的线条，表达生动、简练的虚实变化，就要以执着专注的工匠精神，去感悟线条的各种美感。同时，要不断学习手绘中的传统文化精髓，让我国的手绘文化散发出其应有的魅力与风采，激发学生的爱国热情。

任务一　手绘表现技法认知

任务目标

1. 了解手绘在艺术设计中的作用。
2. 掌握手绘表现图的主要表现形式与特点。
3. 掌握学习手绘表现的基本方法。

任务描述

通过了解手绘在艺术设计中的作用，掌握手绘表现图的主要表现形式与特点等知识，对手绘表现技法产生一定的总体认知，为之后的学习奠定基础。

任务知识点

一、手绘在艺术设计中的作用

作为室内设计师，手绘的重要性越来越得到认同，因为手绘是设计师表达情感、展示方案、体现创意最直接的"视觉语言"。室内设计表现效果图是设计者以绘画的形式代替语言进行表达、交流，是以图形表达设计意图的重要手段。表达一个空间的设计效果现在可以用手工绘画或计算机 3D 软件来进行。对室内设计师来说，手工绘画（也就是人们惯称的"手绘"）依然是最传统、最迅速快捷、最方便实用的一种"视觉语言"。正因如此，室内设计师的手绘水平高低直接影响着室内设计工作的进展和成果，这一点应当是室内设计师的共识。"室内设计手绘"已经成为设计类基础教学中的独立学科。计算机的普遍应用为各个行业带来了翻天覆地的变化，同时，也为设计师创造了一个更大的视觉平台。

由于室内设计手绘表现是视觉造型最基本的工具与手段，在现代室内设计界正日益受到设计师的重视和青睐，所以手绘设计表现正得到室内设计师越来越多的重视与运用。室内设计表现是室内设计的重要组成部分，室内设计师的思维创意最后要在表现中体现，它也是与业主沟通的重要途径。手绘也是各大专院校环境艺术设计专业必修的基础课程。现在通常所讲的"手绘"实际上是一种简化的概念化语言。"室内设计建筑手绘"是一个大的概念。"现代手绘"讲求的是精炼、简洁、快速、生动。

相比于计算机表现，手绘表现图绘制所用工具、材料的选择余地较大，且表现手法灵活多变，风格效果也各不相同。室内设计师通过手绘能够淋漓尽致地展现出其所要表达的设计意图及其独具的个性特质。室内设计手绘的作品往往成为室内设计师设计思想的外在表现，也成为他们身份的鲜明识别符号。

二、手绘效果图的表现形式

手绘效果图的表现形式多种多样，主要有以下几种。

1. 黑白稿表现

黑白稿表现首先要注意画面远近关系的虚实对比，没有虚实对比就没有空间感；其次要注意画面中黑白灰的关系，通过明暗的对比，使表现对象立体感增强，结构鲜明；最后要注意画面中线条变化的对比，空间结构线和硬性材质线要借助工具画，丝织物等要徒手画（图1-1）。

图 1-1　黑白稿表现效果

2. 彩色铅笔表现

彩色铅笔是手绘表现中常用的工具，它着重处理画面的细节，但由于颗粒感比较强，在光滑质感的表现方面略有不足。使用彩色铅笔作画时，要注意空间感的处理和材质的准确表达，避免画面太艳或太灰。由于彩色铅笔重叠次数多了画面会发腻，所以用色要准确，下笔要果断（图1-2）。

图 1-2　彩色铅笔表现效果

3. 马克笔表现

马克笔是手绘表现中常用的工具，它具有很好的色彩透明度，着重表现大场景和富有光滑质感的画面，但马克笔笔触单调且不便于修改，对细节及材料的质感表现不够深入，因此可适当配合彩色铅笔使用，取长补短，以增强画面的表现力（图1-3）。

4. 水彩表现

水彩表现效果具有色彩变化丰富细腻、轻快透明、易于营造光感层次和氛围渲染等优势；其材料廉价易得，技法简单易学，绘制快速便捷，特别适合结合其他工具材料使用。作为一种设计表现形式，水彩表现与水彩绘画艺术表现有着显著的区别，它只是理性地表达了设计者的设计思想，侧重于空间结构与材质的表现，而不完全是水彩绘画艺术所侧重的感性艺术欣赏表现。因此，在实际表现过程中，水彩表现与钢笔、彩色铅笔、马克笔等工具材料要结合使用（图1-4）。

图1-3 马克笔表现效果　　　　　　　　图1-4 水彩表现效果

5. 计算机手绘表现

随着计算机技术的发展，设计表达也慢慢地进入数字化时代。数字手绘的出现很好地解决了效率、展示效果和后期方案修改便利性的问题。计算机手绘是通过绘图软件辅助准确地展现空间的结构、比例、材质、光影，让空间表现更真实、更快捷（图1-5、图1-6）。

图1-5 计算机手绘表现工装效果图　　　　图1-6 计算机手绘表现餐厅效果图

三、学习手绘的基本方法

1. 临摹作品

临摹是学习手绘较为常见的一种手法。要以独特的眼光选择适合的临摹作品，这是最直接和有效地学习别人的经验、观察及表现的一种方法。临摹的时候要明确自己的学习目的和方向，不能盲目地为了临摹而临摹。可以整体地临摹，也可以局部地临摹，着重形体、空间、表现技法上的学习。例如，学习塑造形体时，观察分析别人是如何把握和处理形体的大块面及细节的变化，哪些可以忽略，哪些要深入刻画。一定要对作品进行分析总结，学习作品中的用笔、用色及处理画面的技巧等，研究作品的规律。

2. 仿效作品

仿效作品是对适合自己学习风格的优秀作品进行模仿借鉴。总结他人作品的特点、表现技巧、色彩的运用、作画工具等，从中借鉴并运用到自己的画面上。仿效作品虽然带有明显的被动接纳的成分，但通过这种练习，可以由最初的"模仿、借鉴"他人画风，转化为最终的"自创、原创"独特风格，它是学习手绘表现技法必不可少的环节。

3. 作品创作

在这个阶段，可以根据某个方案的设计意图或作业课题等，进行创意表现。在表现过程中，要注意有效地通过设计构思及绘画技法的运用，把设计意图快速完美地表现出来，从而形成带有个人风格的快速手绘表现。刚开始练习的时候，画得速度很慢，线条也画不到位，色彩也画不出感觉，但是只要多练习，坚持下去就会有收获。只要有信心和毅力，掌握有效的学习方法，长期积累，一定会在徒手表现上达到"得心应手"的境界。

由此可见，学习手绘效果图，是一个由浅入深、由简单到复杂的过程。希望读者能够通过有效的学习方法，利用较短的时间掌握手绘表现这门技能。

◎ 任务小结

1. 手绘在设计中的作用：表达情感、展示方案、体现创意。

2. 手绘的不同表现形式：黑白稿表现、彩色铅笔表现、马克笔表现、水彩表现、计算机手绘表现。

3. 学习手绘的基本方法：临摹—仿效—创作。

◎ 任务训练

收集优秀手绘效果图若干张，对其进行分类，熟悉其类型，分析其表现方法，并对其进行适当的特色分析。

任务二　工具与材料准备

任 务 目 标

1. 了解手绘表现图所需的各种工具、材料。

2. 掌握工具、材料的性能和特点。

任 务 描 述

掌握手绘表现图所用到的工具和材料，以及每种工具和材料的特点，培养学生对手绘表现图工具的熟知度。

▷■ 任务知识点

任何绘画种类都与工具有着密切的联系，因此，作画前首先要了解该绘画种类的工具特性，只有了解工具特性，绘画时才能加得心应手。下面介绍室内设计手绘效果图常用的工具。

一、画图纸的种类

手绘效果图表达方式不同，所用的纸张也不同。钢笔表现的手绘效果图，一般用速写纸、打印纸、绘图纸等；彩色铅笔表现的手绘效果图，一般用素描纸、速写纸、制图纸、打印纸等；马克笔表现的手绘效果图，一般用水彩纸、素描纸、速写纸、制图纸、打印纸等。

1. 拷贝纸

拷贝纸是一种非常薄的半透明纸张，也称为"草图纸"。拷贝纸价格低廉，一般在做方案的前期使用拷贝纸进行绘制，也可在修改方案时使用拷贝纸进行绘制。用拷贝纸绘制的草稿清晰，也有利于反复修改和调整，还可以反复折叠，对设计的创作过程也有参考和比较的意义（图1-7）。

2. 硫酸纸

硫酸纸是传统的专用绘图纸，用于画稿和方案的修改，也可以附在底图上进行拓图。硫酸纸也是半透明纸张，与拷贝纸相比，硫酸纸比较正规，因为它比较厚且平整，不易损坏。硫酸纸价格较高，也不易反复修改，所以不太适合初学者使用（图1-8）。

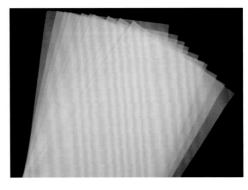

图1-7　拷贝纸　　　　　　　　　　　　　　　　图1-8　硫酸纸

3. 绘图纸

绘图纸的纸面较厚，是绘图专用纸，其表面比较光滑平整，适用于绘制精细风格的效果图，也是设计工作中常用的纸张类型。在手绘表现中，可以用它替代素描纸，进行黑白稿、彩色铅笔及马克笔等形式的表现。

4. 水彩纸

水彩纸是水彩绘画的专用纸，在手绘表现中，它的厚度和粗糙的质地使它具备了良好的吸水性能，所以它不仅适合水彩表现，也同样适合黑白表现和马克笔表现，在选购时不要与"水粉纸"混淆（图1-9）。

5. 复印纸

在一般的手绘表现中，特别对于初学者，最常用的纸是复印纸，其尺寸有 A3、A4、B4 等规格。它的性价比很高，纸张的质地适合铅笔和绘图笔等大多数工具，最适合在练习中使用（图1-10）。

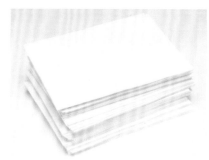

图1-9　水彩纸　　　　　　　　　图1-10　复印纸

二、画笔的种类

铅笔、钢笔、中性笔、美工笔、针管笔、签字笔、彩色铅笔、马克笔、水彩笔等都是绘制手绘效果图的常用工具。其中，铅笔、钢笔、针管笔、彩色铅笔、马克笔等是手绘表现效果图的必备工具。

1. 铅笔

铅笔是手绘画线最常用的工具之一。在室内手绘平面图、效果图中，铅笔一般用于绘制草稿、铅笔起稿和水彩线稿。普通铅笔一般分为 H 型号和 B 型号，铅笔上"B""H"的标记是用来表示铅笔笔芯的粗细、软硬和颜色的深浅的。HB 为"中性"型号，H 系列为"硬性"型号，B 系列为"软性"型号。在练习和表现中常用的是 2B 型号的普通铅笔（图1-11）。

图1-11　铅笔

2. 绘图笔

这里的绘图笔是指针管笔、勾线笔（图 1-12）、签字笔等黑色碳素类的"墨线笔"的统称，它是应用最广泛的标准画图工具，一般都为一次性的绘图笔、一次性的针管笔。其适用于草图、快速表现、平面图表现及效果图线稿的绘制。绘图笔的笔尖型号也分为很多种，这类笔的差别在于笔尖的粗细，常见的型号为 0.1～1.0 mm，在选用工具时推荐 0.1 mm、0.3 mm、0.5 mm 型号的一次性绘图笔。

3. 签字笔

签字笔是指比较正式的签字惯用的笔，也可以作为手绘的绘图工具（图 1-13）。其笔迹干得很快，用得好则画出的线条会非常漂亮。

| 图 1-12　勾线笔 | 图 1-13　签字笔 |

4. 针管笔

针管笔（图 1-14）分为一次性针管笔和非一次性针管笔，一般情况下用一次性针管笔的比较多。一次性针管笔分为水性和油性两种。一次性针管笔的品牌很多，大部分是耐水性的，常用的品牌有日本的樱花、三菱，德国的红环等。

图 1-14　针管笔

5. 钢笔

钢笔也是常用的工具之一。钢笔的墨线清晰，钢笔线条虽然只有一种粗细、一种深度，但很有表现力，具有很好的视觉效果（图 1-15）。

6. 美工笔

美工笔是借助笔头倾斜度制造粗细线条效果的特制钢笔，广泛应用于美术绘图、硬笔书法等领域。把笔尖立起来使用，画出的线条细密；把笔尖卧下来使用，画出的线条宽厚（图 1-16）。

图 1-15　钢笔　　　　　　　　　　　图 1-16　美工笔

7. 彩色铅笔

彩色铅笔分为普通彩色铅笔、水溶性彩色铅笔，是一种非常容易掌握的涂色工具，其绘画效果及外形都类似于铅笔（图 1-17）。其颜色多种多样，绘画效果较淡，用橡皮擦可擦去颜色。水溶性彩色铅笔的特点是可用水涂色，颜色比普通铅笔更鲜艳。在选择彩色铅笔时，多选择水溶性彩色铅笔，因为它能够很好地结合马克笔使用。市面上常见的有 24 色、36 色、48 色的彩色铅笔。性能比较好的彩色铅笔品牌有德国的辉柏嘉（FABER-CASTELL）、英国的得韵（DERWENT）、荷兰的凡高（VAN GOGH），建议初学者开始时可以选择德国的辉柏嘉 36 色水溶性彩色铅笔。

图 1-17　彩色铅笔

8. 马克笔

马克笔又称为麦克笔，是常用的绘图专用彩色笔，其种类主要分为油性和水性两种。在练习阶段一般选择价格比较低的马克笔。用马克笔可画出不同粗细的线条，色彩丰富、着色简便（图 1-18）。购买马克笔时，应至少储备二十种以上，并且以灰色调为首选，不要选择过多艳丽的颜色。

图 1-18　马克笔

三、辅助工具

1. 橡皮

橡皮是必备的辅助工具，对于用铅笔绘图的练习，除需要备用普通绘图橡皮外，还可以备用可塑性橡皮，用来修改画面的细节。橡皮的使用有其自身的技法。

2. 尺规

虽然手绘以徒手形式为根本，但在练习和表现中也会用到尺规。在实际表现中尺规可以提高工作效率。常用的工具有直尺（60 cm）、丁字尺（60 cm）、三角板、曲线板（或蛇形尺）、圆规（或圆模板）等，还有比例尺，可以根据需要购买（图1-19、图1-20）。

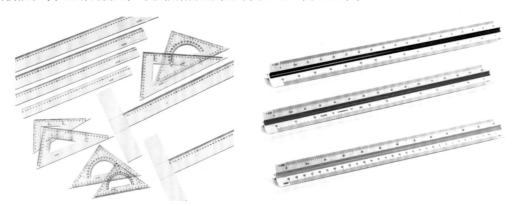

图 1-19　直尺、丁字尺、三角板　　　　　图 1-20　比例尺

◉ 任务小结

1. 画纸类工具：拷贝纸、硫酸纸、绘图纸、水彩纸、复印纸。
2. 画笔类工具：铅笔、绘图笔、签字笔、针管笔、钢笔、美工笔、彩色铅笔、马克笔。
3. 辅助工具：橡皮、尺规。

◉ 任务训练

准备好手绘工具，制作一份彩色铅笔色卡与马克笔色卡。

任务三　线条表现

任务目标

1. 掌握直线的表现方法和技巧。
2. 掌握曲线的表现方法和技巧。
3. 能结合运用不同的线条特征，掌握不同材质的表现方法。

任务描述

通过观察、尝试、体验等活动，认识线条的多种表现特点，学习利用线条的多种表现方法和特点进行不同材质的表现，感受线条的造型在绘画中的独特意义，培养丰富的造型表现能力。

任务知识点

徒手表现就是不依靠直尺，画出需要表现的线条。徒手表达包括平、立、剖、轴侧图及透视图等不同类型。无论哪种类型，重点都在于表达设计相关信息的准确性，以及最终成图的可欣赏性。

一、直线表现

直线分为快线、慢线和抖线三种。快线刚劲有力，能把物体表达得简洁明快。慢线和抖线准确沉稳，能使人有思考地描绘形态或设计。

1. 快线画法

画快线时，要有起笔和收笔。起笔力度较大，同时，利用运笔思考线条的角度、长度。起笔和收笔的力度较大，运笔力度轻，画线速度要快（图 1-21）。学习快线画法时先从快横线、快斜线和快竖线入手。

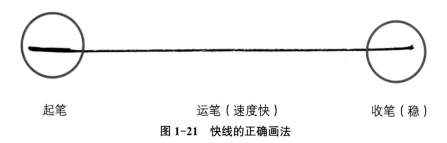

起笔　　　　　　运笔（速度快）　　　　　收笔（稳）

图 1-21　快线的正确画法

（1）快横线。画快横线时，手、手腕、手臂保持在一条直线上。以肘关节为中心运笔，线条过长时，需要以肩关节为支点，带动整条胳膊运动（图 1-22）。画快横线时需要注意起笔和收笔，应力度均匀、快速果断，具有两头重、中间轻的效果（图 1-23）。

图 1-22 快横线姿势示范

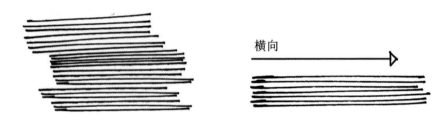

图 1-23 快横线的正确画法

（2）快斜线。快斜线的运笔姿势和快横线是一样的，手臂应当始终保持与所画直线成 90° 夹角（图 1-24）。快斜线的方向可以是多变的，通常按照顺手的方式用笔（图 1-25）。

图 1-24 快斜线姿势示范

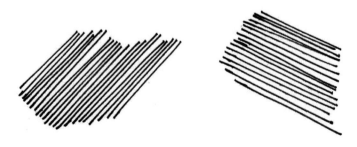

图 1-25 快斜线的正确画法

（3）快竖线。快竖线的长短决定了运笔的姿势。2～3 cm 的短竖线，运笔姿势可以是手臂保持不动，依靠手腕或指关节的运动带动运笔（图 1-26）。画长竖线则仍然需要以手肘为运笔中心，利用前臂带动运笔，手腕尽可能保持不动（图 1-27）。

图 1-26　快竖线姿势示范

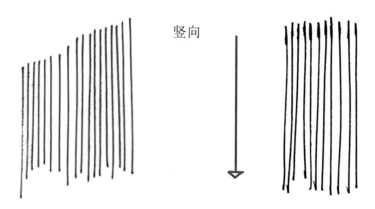

图 1-27　快竖线的正确画法

2. 慢线画法

慢线的握笔、画法与快线一致，不同的是在运笔时，作者有时间思考线的走向、位置（图 1-28）。

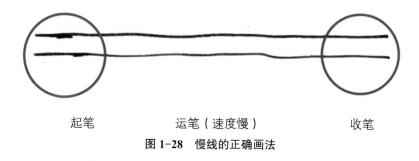

图 1-28　慢线的正确画法

（1）慢横线。慢横线的运笔姿势与快横线相差无几，即以手肘为中心，前臂带动运笔。如果线条过长，超出前臂运笔范围，则应该以肩关节为支点，带动整条胳膊运笔（图 1-29）。

慢横线慢速平稳，并且有微弱的动感，轻松自由，但又不失严谨。慢横线没有快直线两头重、中间轻的特质，线条整体均匀。

（2）慢斜线。根据所画慢斜线的角度，将手臂调整到舒服的位置。慢斜线有方向的变化，但运笔上没有长、短线之分，只要顺手，不存在手臂运动范围限制运笔的问题（图 1-30）。

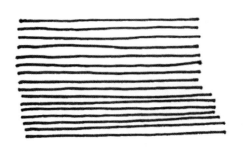 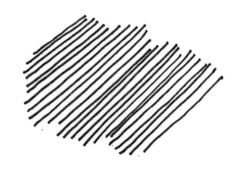

图 1-29 慢横线的正确画法　　　　图 1-30 慢斜线的正确画法

（3）慢竖线。画慢竖线时，手臂不用像画快竖线一样，刻意垂直于画面或保持某个特定的姿势，较为轻松地用手指或手腕带动运笔即可。较画快竖线而言，画慢竖线相对好掌握一些。速度慢下来了，线条自然也会好控制许多（图 1-31）。

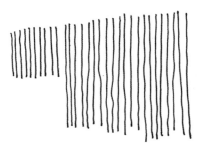

图 1-31 慢竖线的表现方法

快线所表现的画面比慢线更具有视觉冲击力，画出来的图更加清晰、硬朗，富有生命力和灵动性，但是较难把握，需要大量的练习和不懈的努力才能掌握（图 1-32）。慢线比较容易掌握，在画线的大方向把握方面优于快线（图 1-33）。

 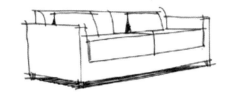

图 1-32 用快线画的沙发

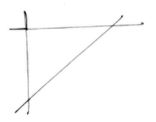 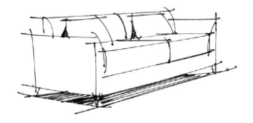

图 1-33 用慢线画的沙发

3. 抖线画法

抖线也称为颤线，它是慢线的一种。画抖线时用笔有轻微的抖动，抖线的线条活泼生动，有节奏变化。

（1）抖横线。画抖横线不是画波浪线，需要手指与手腕同时用力，使线条呈现小曲大直的特点（图1-34）。

（2）抖斜线。在用抖斜线进行表达时，不能刻意控制线条节奏，否则抖动会显得僵硬、不自然，当然，更应该避免波浪线的出现（图1-35）。

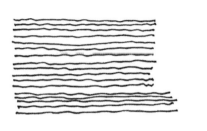

图 1-34　抖横线的表现方法　　图 1-35　抖斜线的表现方法

（3）抖竖线。在画效果图时，人们都喜欢用缓线、抖线来完成竖向线条。这样做，第一是可以避免竖线画歪的可能性；第二是可以增加画面的灵活度，打破快直线的生硬感，同时增强线稿的活力（图1-36）。

因为运笔方式的不同，竖线通常比横线难画。一般对于很长的竖线，为了确保不画歪，可以选择分段式处理：第一根竖线可以参照图纸的边缘以便使竖线处于垂直状态，但是注意分段的地方一定要留有空隙，不可以将线连接在一起。也可以适当采取画慢线或抖线的方法来画竖线（图1-37）。

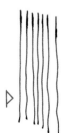

视频：快线、慢线、抖线画法

图 1-36　抖竖线的表现方法　　图 1-37　竖线的表现方法

二、 曲线表现

曲线的种类很多，有弧线、圆、椭圆、螺旋线、波纹线、自由曲线等，可以用画慢线的方式来画曲线（图1-38、图1-39）。

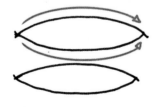

图 1-38　曲线的表现方法

视频：曲线画法

图 1-39　曲线的练习

三、折线表现

折线具有硬朗、刚劲、顿挫感的特征。折线在平面中表现木纹、平面织物、立面干枝植物等坚挺对象特征（图 1-40）。

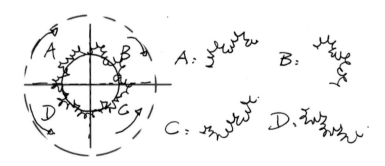

图 1-40　折线的成组练习

在熟悉了线条的一些画法与特征之后，一定要多进行有目的的练习，要明确线条是从哪里开始，要画到什么位置。

四、线条练习需要注意的问题

（1）线条表现应流畅，一次画一根线（图 1-41），不应重叠往复（图 1-42）。

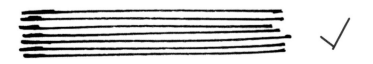

图 1-41　线条表现应流畅

图1-42　线条重叠往复

（2）过长的线条可以分段画（图1-43），线条不应端点、起点相连（图1-44）。

图1-43　分段表现的线条

图1-44　线条不应端点、起点相连

（3）在确定的位置画线，线条的间距保持大方向的水平，允许适当的误差（图1-45），在大方向上不应倾斜（图1-46）。

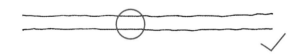

图1-45　线条表现应保持大方向水平

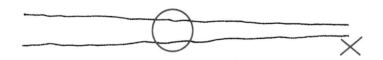

图1-46　线条在大方向上不应倾斜

（4）线条应搭接并适当地出头（图1-47）。

（a）　　　　　　　　　　　　　　（b）

图1-47　线条应搭接并适当地出头

（a）错误起笔方式；（b）正确的起笔方式

五、线条与材质表现

在室内设计手绘效果图中，会涉及各种各样装饰材料的表现，丰富的材质表现会使效果图更加逼真，设计交代更清晰。因此，在平时的训练中要对各种材质的表现进行充分深入的刻画并掌握它们的规律。处于线稿阶段的效果图，则依然通过线条来表现。

1. 石材质感的线条表现

石材图片及石材质感的线条表现（大理石、文化石）如图 1-48 所示。

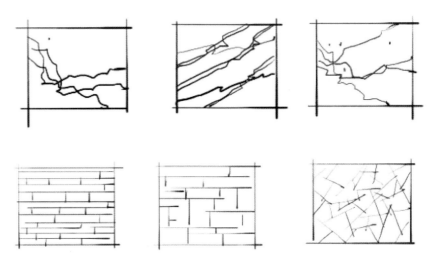

图 1-48　石材质感的线条表现

2. 木材质感的线条表现

由于木材纹理细腻，所以在作画时，画出木制家具的形状后，应用自由、放松的笔触画出木纹，注意木材的纹理表现，可使用折线、曲线的线条表现手法，形成逼真的质感效果（图 1-49）。

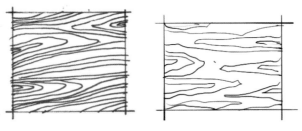

图 1-49　木材质感线条表现

3. 藤艺质感的线条表现

藤艺质感的线条表现以组织结构为主，如图 1-50 所示。

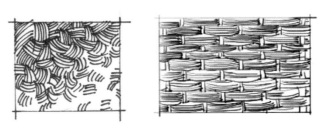

图 1-50　藤艺质感的线条表现

4.织物质感的线条表现

织物质感的线条表现以曲线为主，要刚柔并济（地毯、毛毯、窗帘等），如图 1-51 所示。

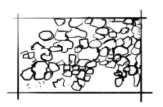

视频：线条与材质表现

图 1-51　织物质感的线条表现

◉ **任务小结**

如何表现出线条的美感是关键，画线的关键在于起笔、运笔与收笔。

（1）按照方向可将直线分为横直线、竖直线和斜线。横直线给人平静、广阔、安静的感觉。竖直线给人挺拔、庄重、上升的感觉；斜线给人运动、活力、变化的感觉。

（2）按照表现方式直线可分为快线、慢线和抖线。快线给人干脆利落之感；慢线给人平和缓慢之感；抖线给人灵动之感。

（3）曲线在软装家具、材质与结构表现上运用得较多，绘画时要注意其流畅度的表达。

（4）折线一般用于植物边缘处理、干枝造型表现、大理石纹理表现。

◉ **任务训练**

1.在 4 cm×3 cm 大小的方框内进行不同材质的线条练习（图 1-52～图 1-54）。

2.在 4 cm×3 cm 大小的方框内进行不同类型的线条练习（图 1-55、图 1-56）。

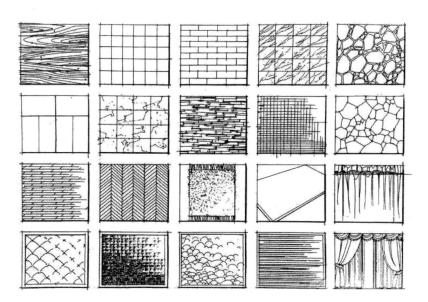

图 1-52　不同材质的线条表现（一）

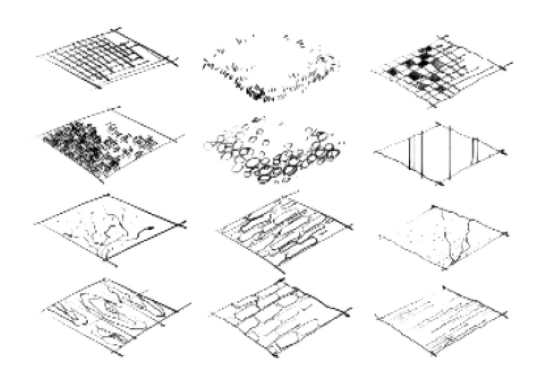

图 1-53　不同材质的线条表现（二）

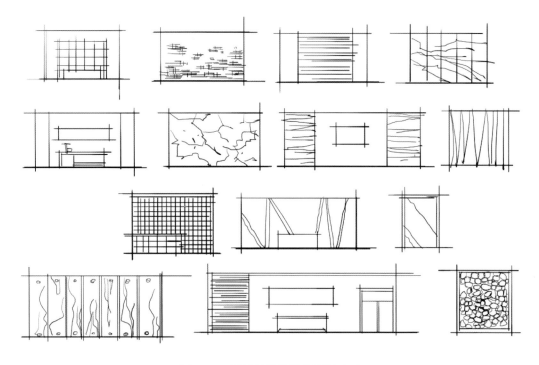

图 1-54　不同材质的线条表现（三）

图 1-55　不同类型的线条表现（一）

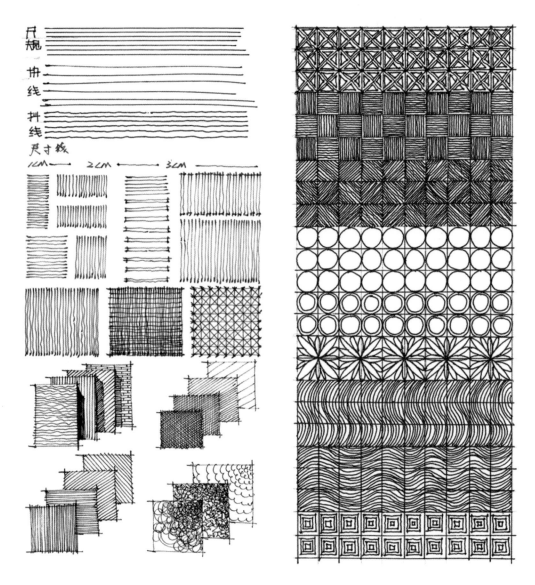

图 1-56 不同类型的线条表现（二）

任务四 室内平、立面家具表现

任务目标

1. 掌握室内沙发、床、桌椅、厨具、洁具的平面与立面绘制方法。
2. 掌握家具平面与立面之间的关系。
3. 提高手绘比例尺度与线条表达能力。

任务描述

完成室内常用家具——沙发、床、桌椅、厨具、洁具等平面与立面的绘制，并结合家具尺寸进行同比例绘制。

任务知识点

一、沙发平面表现

从上往下看，沙发造型就是平面图的造型。进行沙发平面表现需要先了解单体沙发的平面造型。沙发分为不同的风格、不同的造型、不同的材质。在平面中需要简单地区分这些特点，才能更准确地掌握其造型。

首先，观察沙发平面，扶手和靠背的造型有直线、弧线、曲线等，也有宽窄之分，抱枕有形象的表现，也有抽象的表现，需要仔细观察。

其次，临摹单体时，无论什么造型、什么风格，必须做到把复杂的形体几何化，根据家具尺度，定出准确的比例，先从大轮廓入手，画出沙发的长、宽比例，再画出具体的结构，最后刻画细节，如抱枕的表现等（图1-57）。

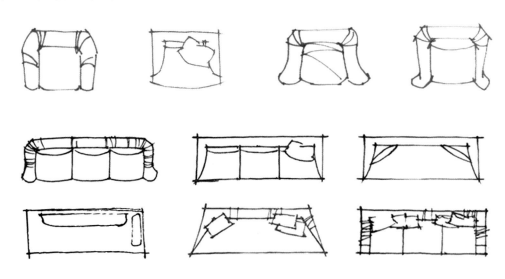

图 1-57 沙发平面表现

沙发组合表现步骤详解如下。

（1）沙发组合由（1+2+3）沙发或 L 形沙发、茶几、角几、地毯构成。确定沙发组合中所有单体的摆放位置，以三人沙发为主线摆放。

（2）确定所有单体的尺寸，并且同一组合中的尺寸为同一个比例。

（3）不同单体的表现方法：硬材质的单体为茶几、角几，使用刚劲有力的直线条表现，在表现抱枕、地毯、沙发时，可以运用轻松、圆润的曲线。

（4）在平面中，织物分为沙发面料、抱枕、桌布、地毯等。

（5）刻画细节（图 1-58）。

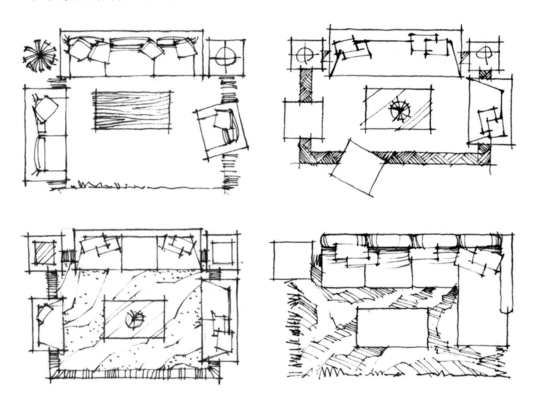

图 1-58 沙发组合平面表现

二、餐桌椅平面表现

餐桌椅组合表现步骤详解如下。

（1）确定餐桌的尺寸、比例，绘制餐桌椅的大比例，无论是长方形餐桌还是圆形餐桌，都需要按照人体工程学中餐桌尺寸对应餐椅的数量来决定。

（2）不同材质的餐桌有不同的表现方法，如餐桌有木质、玻璃等材质。餐椅有不同造型的表现方法。

（3）地毯的表现方法也是重点。利用细节的表现方法，如通过餐椅坐垫纹理、桌布的花纹、餐桌上的餐具及餐桌织物的表现来丰富细节，增强画面表现感（图 1-59）。

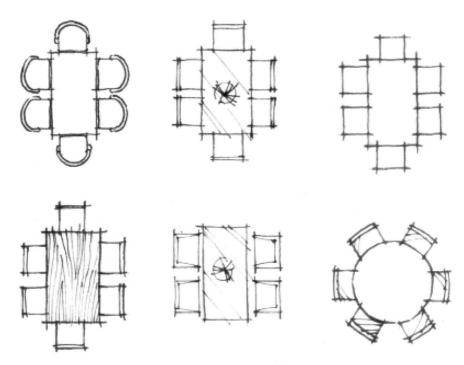

图 1-59 餐桌椅组合表现

对于圆形餐桌需要先确定餐桌的直径，再根据餐桌确定餐椅。圆形餐桌相对来说不是很容易画，画好圆形也有一定的技巧，可先画好正方形，再在正方形中切出圆形，可用短直线切。餐椅也需按照人体工程学比例来画（图 1-60）。

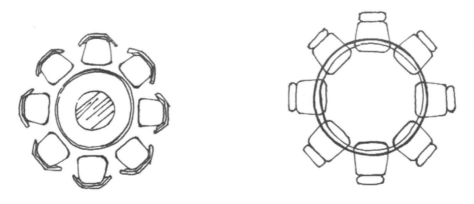

图 1-60 圆形餐桌平面表现

三、床组合平面表现

在床组合中，织物的表现尤为重要，抱枕、地毯、床品套件等大部分由柔软织物组成。柔软的抱枕、硬材质的床头柜、多变的地毯造型中不同的线条变化，形成一定的感染力。方形双人床与单人床的画法一致，单人床依据人体工程学的尺寸来画，将比例把握到位（图 1-61）。

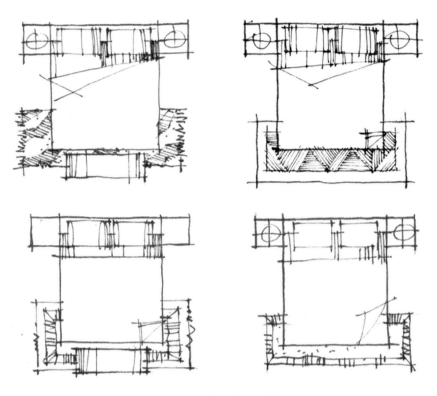

图 1-61　床组合平面表现

　　圆形床的画法和圆形餐桌的画法相似，先画圆形床体，再进行细节的表现。柔软的织物和硬材质的表现需要有变化，如利用弧线表现优美、利用直线表现刚劲有力（图 1-62）。

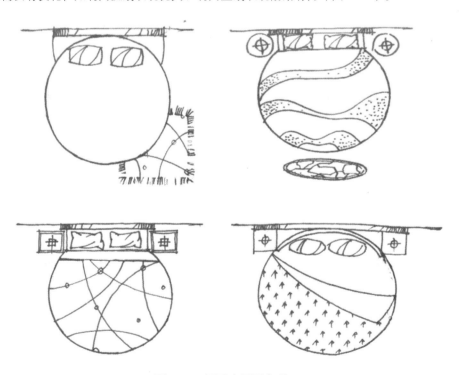

图 1-62　圆形床平面表现

四、书桌、会议桌平面表现

在书桌组合表现中，注意书桌的平面造型、材质，以及办公文件的表现（计算机、台灯、文件等）。办公椅表现可以不单独练习，放在书桌组合表现中练习，注意几种不同办公椅的表现方法（图1-63）。

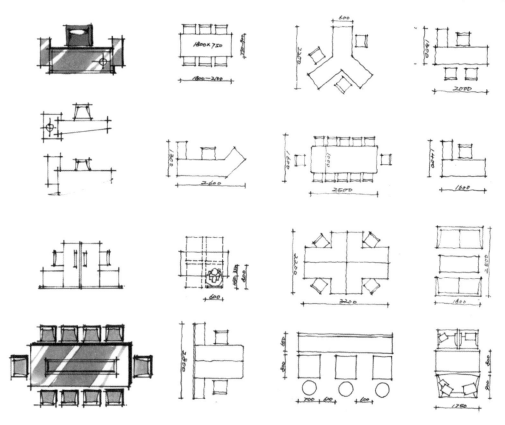

图1-63 书桌、会议桌平面表现

五、厨具平面表现

厨房中的炉灶、洗菜盆表现相对较容易，需要注意长和宽的比例。在外观上，线条简单，炉灶分为三个灶眼的、两个灶眼的、一个灶眼的。在表现炉灶、洗菜盆时，应了解炉灶、洗菜盆的种类，这样在画单体时就会做到胸有成竹（图1-64）。

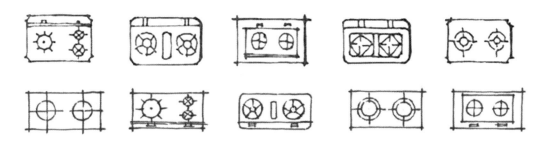

图1-64 炉灶平面表现

洗菜盆表现和炉灶表现类似，需要掌握长和宽的比例，注意内部结构和细节的表现。

洗菜盆也可以称作水槽，它是厨房的"心脏"。厨房内各类用品中，洗菜盆的使用率最高。在做饭的准备和清理工作中，经常用到洗菜盆。洗菜盆主要有单盆型、双盆型、三盆型。单盆型盆体大，使用更为方便、舒适；双盆型最为实用，一般多为子母双盆，也就是一个主盆体加一个辅助盆体；三盆型分工更为明确，其缺点是盆体大，在大厨房中才有用武之地（图1-65）。

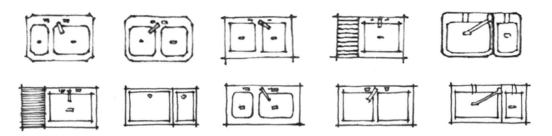

图1-65 洗菜盆平面表现

六、洁具平面表现

洗面盆的造型一般分为直线型和弧型；洗面盆的种类分为立柱盆、台盆和艺术盆；洗面盆的材质上分为陶瓷材质、玻璃材质、不锈钢材质、大理石材质。在洗面盆表现中，应形象地表现出石材的材质、玻璃的材质；盆体有圆形的、带圆角的、方形的、弧线形的，在表现时需要把握形态，准确地刻画出来（图1-66）。

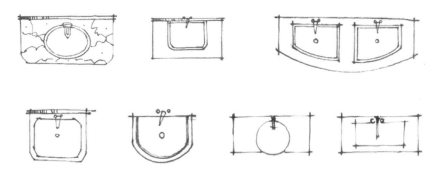

图1-66 洗面盆平面表现

1. 马桶平面表现

卫生洁具大多是陶瓷、石材、玻璃等光亮硬质材质，在平面表现中，洁具外部形状和质感必须光滑、流畅。马桶也称作坐便器，在尺寸上需把握好长和宽的比例，在外观上以弧线形为主，在表现对称的弧线造型时，先作中心线为辅助线，再画方形，之后切为圆形（图1-67）。

图1-67 马桶平面表现

2.浴缸平面表现

浴缸供沐浴或淋浴之用，也是卫生间中的主要功能器具之一。大部分浴缸为长方形，先用硬线条表现大轮廓，其内部结构多为弧线形、带圆角，在画弧线时，要保证线条流畅、弧度优美（图1-68）。

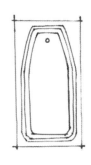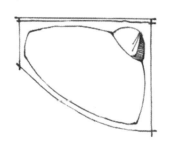

视频：平立面家具画法

图1-68 浴缸平面表现

◎ 任务小结

在家具平面表现中，不需要考虑透视，必须做到比例准确，在比例准确的基础上深入刻画。在家具平面表现的深入刻画中，需要注意两点：一是材质的表现，表现材质不要画得太满，局部的纹理细节刻画应有主次关系的变化；二是细节的表现，细节很重要，可以丰富画面效果，也可以增强质感，实现画面的真实性（图1-69～图1-71）。

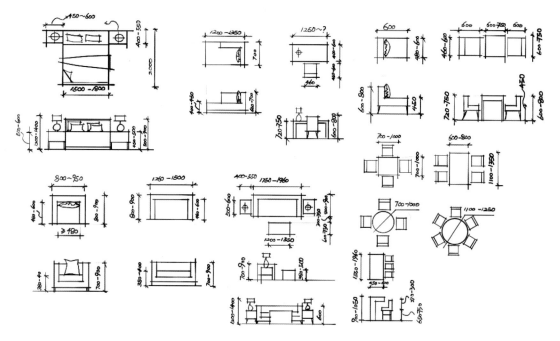

图1-69 平面、立面家具表现

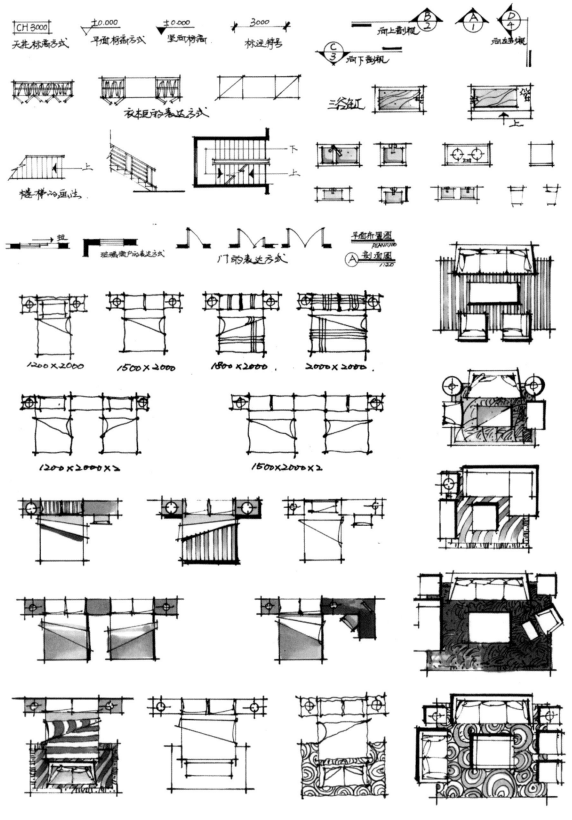

图 1-70　家具平面表现

图1-71 家具立面表现

◎ **任务训练** ·· ◎

1.按照类别绘制室内不同类型家具的平面与立面。

2.根据家具尺寸按比例绘制常用家具的平面与立面。

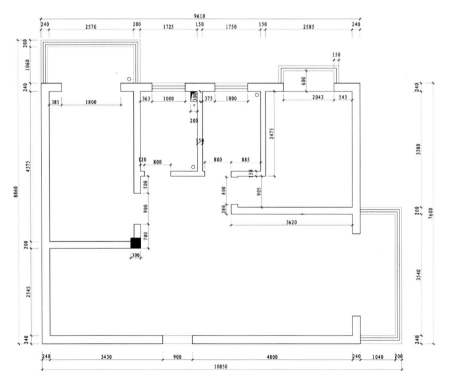

任务五 室内平、立面图手绘表现

任务目标

1. 掌握量房草图的两种绘制方法。
2. 掌握室内平面图的绘制方法。
3. 掌握室内不同造型立面图的绘制方法。

任务描述

掌握室内量房草图的绘制方法，完成室内平面图与相应立面图的线稿表现，并进行精细刻画表现。

任务知识点

一、量房草图手绘表现

1. 量房草图手绘表现的单线画法

单线画法即在表现墙体时，使用一根线表示，此种方法适合量房手稿使用，量房的重点即尺寸的准确性，可在画图环节节省时间。下面根据 CAD 原始结构图学习量房草图手绘表现的单线画法（图 1-72）。

图 1-72 CAD 原始结构图

平面手绘步骤详解如下。

（1）构图。手绘线稿在纸张中所占的大小比例要适当，构图是平面手绘的第一步，也是至关重要的一步。

（2）先从整体入手，确定平面图的外墙尺寸和比例，再把CAD图纸补齐为一个四边形（图1-73），从整体来观察可使对比例的把握更加准确。使用铅笔起稿，画出观察得出的正方形（图1-74）。

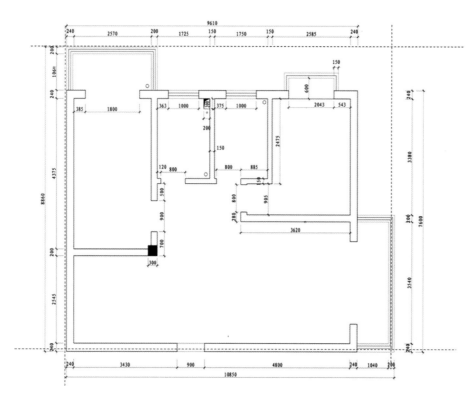

图1-73 把CAD原始结构图看作四边形

图1-74 画出大比例

（3）确定每个空间的比例，每个空间的比例要观察准确，用铅笔画出每个空间的铅笔线稿（图1-75）。

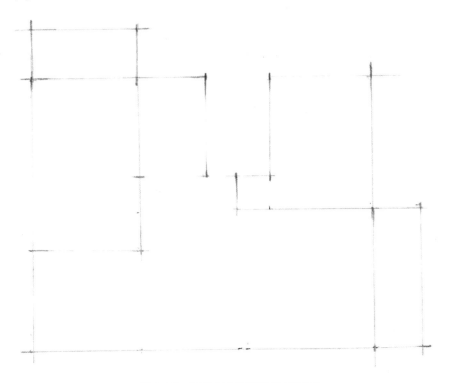

图1-75 画出每个空间的铅笔线稿

（4）确定门窗、飘窗、推拉门柱子的比例（图1-76）。

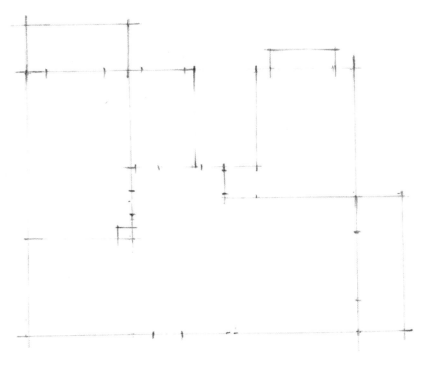

图1-76 画出细节

（5）用绘图笔画出铅笔定好的线稿（图1-77）。

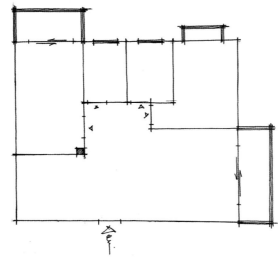

图1-77 完成

2.量房草图手绘表现的双线画法

双线画法即使用两根线表示墙体，此种方法适用于平面方案的设计环节，适用于手绘施工图纸的绘制，也适用于量房图纸的绘制。双线画法在表示结构功能位置时更加准确、专业，是很常用的绘图方法。

平面手绘（双线）步骤详解如下。

（1）构图。图纸内容在画面中所占的大小要适当。

（2）从整体入手，确定平面图的墙体尺寸和比例。

（3）确定每个空间的比例，每个空间的比例要准确，同样使用定点的方法起稿。

（4）绘制墙体时，墙体的墙线应相互平行、垂直。在双线画法中，墙体平行尤为重要，必须作为重点。

（5）进行图纸中功能、结构的表示，如平开门、推拉门、飘窗、柱子、承重墙、烟道等（图1-78）。

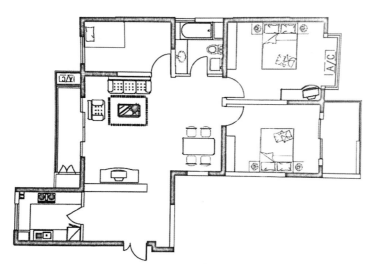

图1-78 根据平面布置画出原始结构的双线画法

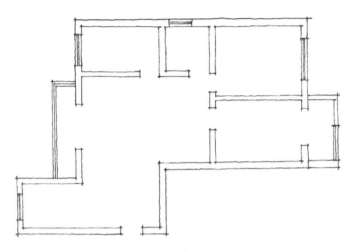

图1-78　根据平面布置画出原始结构的双线画法（续）

二、室内平面图手绘表现

快速表现中徒手绘制的室内平面图虽然不涉及透视，但考虑的内容是比较复杂的。一方面要从大体角度出发，左右权衡后再考虑该图的比例和尺度；另一方面在勾勒墙线时，要尽量使它们相互平衡、垂直，而且线条粗细要控制得恰当。同时，图中的内容（如家具、电器、植物）也要比例适中，空间安排要合理。当然，在进行绘制时，还要根据速写的基本原则，使线条粗细疏密得当，融入一种美感，在枯燥中寻找规律，从而使本来呆板的平面图纸显得有韵味。

室内平面图手绘表现步骤详解如下。

（1）从整体入手，考虑室内平面图的尺度和比例（图1-79）。

（2）室内平面图中每个空间的比例、尺寸应准确（图1-80）。

（3）绘制墙体时，墙体的墙线应相互平行。

（4）平面单体（如家具、电器、植物）比例应准确，空间的安排合理（图1-81）。

（5）在手绘表现中，线条要有生动的变化，层次丰富、疏密得当（图1-82）。

（6）将细节补充完整，包括地面的材质填充与外标注（图1-83）。

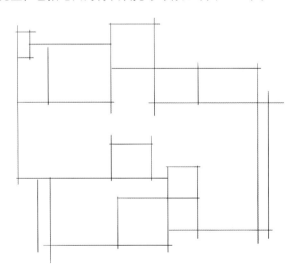

图1-79　以单线画法确定户型整体比例

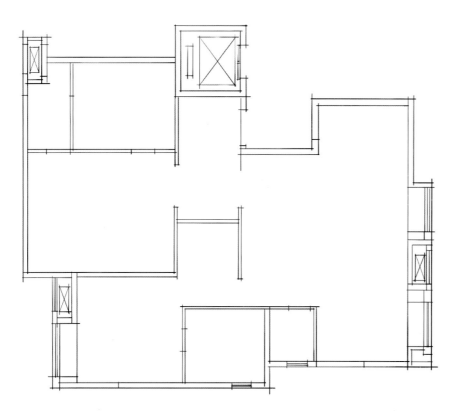

图 1-80　将单线变成双线并调整比例

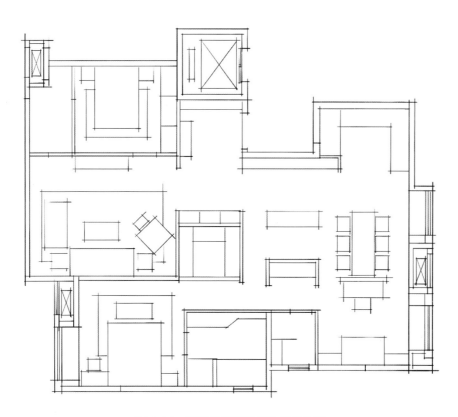

图 1-81　用图块表现家具比例与轮廓

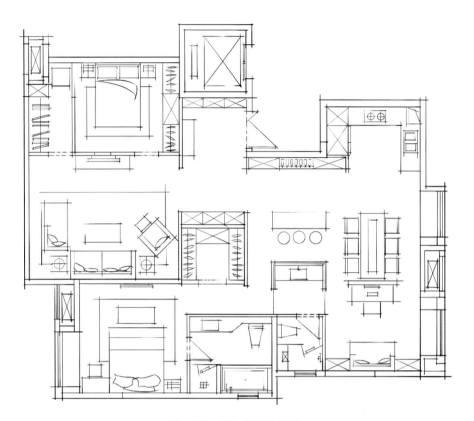

图 1-82　细化家具的细节

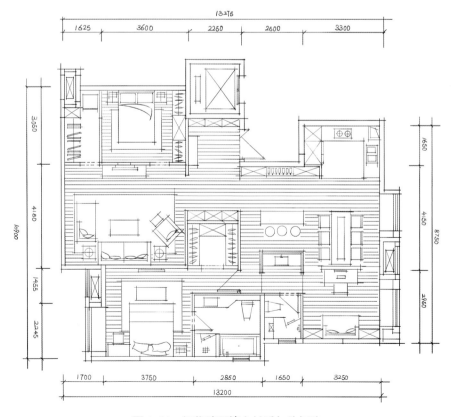

视频：室内平面图画法

图 1-83　细化地面填充材质与外标注

三、室内立面图手绘表现

室内立面图主要表示立面的宽度和高度，表示立面上的砖石物体或装饰造型的名称、内容、大小、做法、竖向尺寸和标高。统一立面可以有多种不同的表达方式，室内设计师可根据自身作图习惯及图纸要求来选择，但在同一套图纸中，通常只采用一种表达方式（图1-84、图1-85）。

室内立面图手绘表现步骤详解如下。

（1）在室内平面图中标出立面索引符号，用A、B、C、D等指示符号来表示立面的指示反向。

（2）利用轴线表示位置。

（3）在室内平面图中标出指北针，按东、西、南、北方向指示各立面。

（4）对于局部立面的表达，也可直接使用此物体或方位的名称，如门的立面、屏风立面等，对于某空间中的两个相同立面，一般只需要画出一个立面，但需要在图中用文字说明。

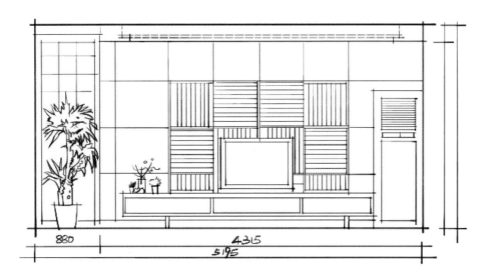

图1-84　电视背景墙立面图（一）

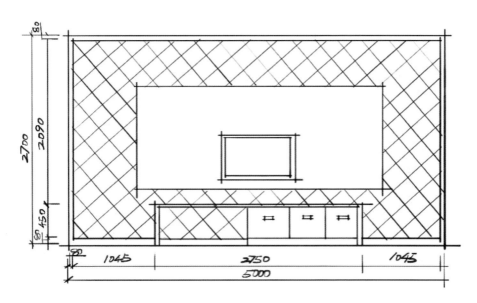

图1-85　电视背景墙立面图（二）

室内立面图案例赏析如图 1-86～图 1-88 所示。

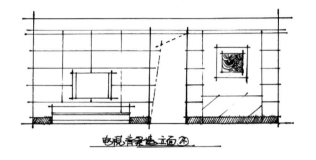
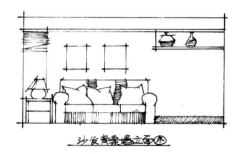

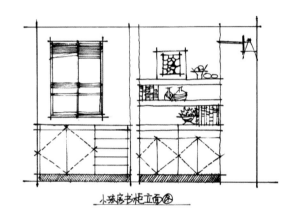
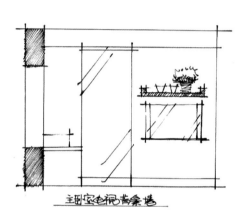

图 1-86　不同空间立面图案例（一）

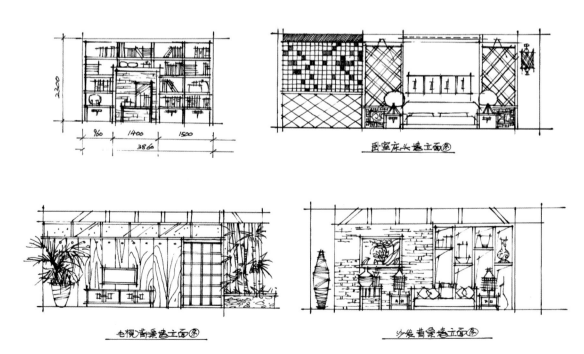

图 1-87　不同空间立面图案例（二）

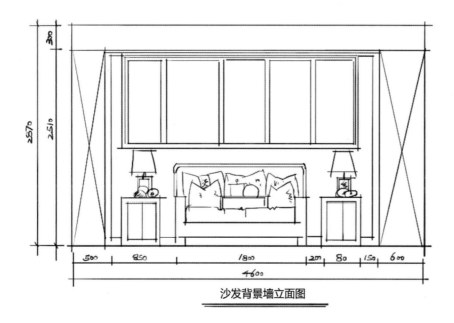

沙发背景墙立面图

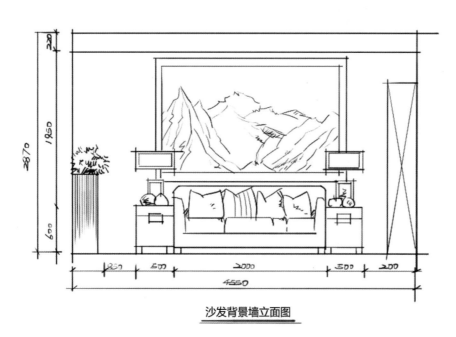

沙发背景墙立面图

图 1-88 沙发背景墙立面图

🎯 任务小结

室内平面图主要用来呈现室内功能布局，交通流线，各种家具、各种绿化植物等的相互关系，以及判断整个设计是否合理与舒适，是设计中最具分量的一张图纸（图 1-89）。在室内空间平面图表现中，所选的图形不仅要美观，还要简洁，同时，要熟悉不同图例的不同表现方式。

立面是指物体从主要观赏角度可以看见的面。在表达立面的时候，应该按照比例表达物体的高度，为了营造空间氛围，可以加设软装配饰，如花艺工艺品、茶具、植物等，用光来体现物体的立体感，如重物体的投影。

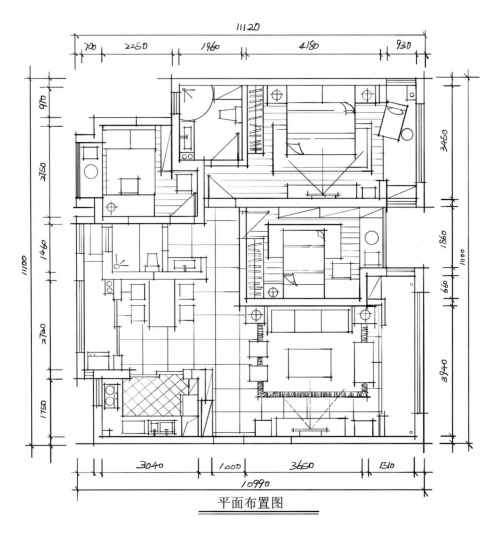

图 1-89 室内平面图手绘表现案例

◉ **任务训练** ·· ◎

1. 临摹室内平面图与立面图各 1 张（图 1-90～图 1-93）。

2. 根据室内平面图绘制出相应的客餐厅立面图。

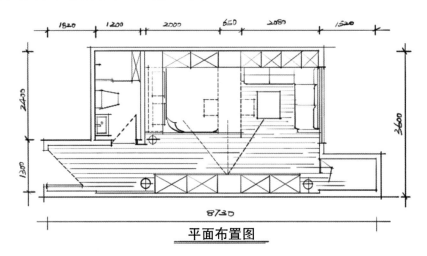

图 1-90 单身公寓平面图＋立面图表现

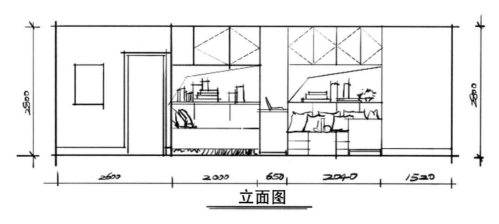

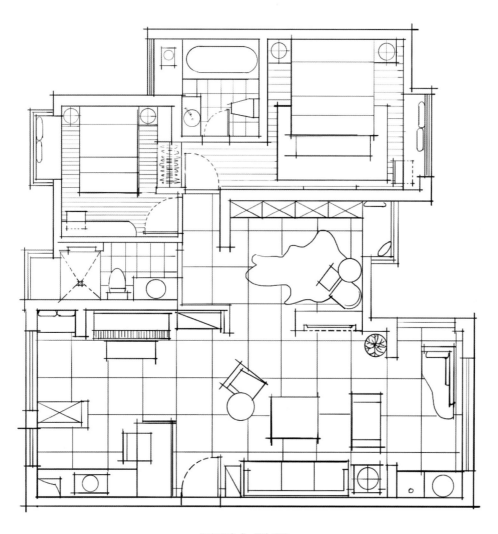

图 1-90　单身公寓平面图＋立面图表现（续）

图 1-91　大户型室内平面图表现

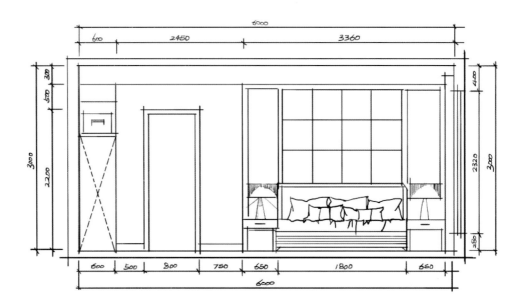

主卧室床头立面图

图 1-92 大户型主卧室立面图表现

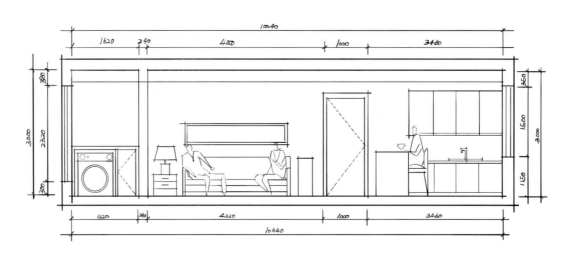

客厅沙发背景立面图

图 1-93 大户型客餐厅立面图表现

项目二 | 室内透视与家具表现

项目导学

　　透视是透过一个透明平面看前方的景物，将三维的景物投影到二维的透明平面上，形成立体的图像。同样大的物体距离越远看上去越小，这种等大物体近大远小的现象就是透视现象，这种具有近大远小感觉的景物在平面上的表现就称为透视图。

　　（1）如果线条是效果图的"皮肤"，色彩是效果图的"衣服"，那么透视就是效果图的"骨骼"。没有"骨骼"，空间是不存在的，所以透视是效果图的"灵魂"。

　　（2）学习室内透视的目的将所设计的家具、室内空间更为立体、准确地表达出来，以最快的视觉语言向客户充分说明设计意图和设计目的，因此，要有精益求精的工匠精神，去打造、品味室内家居的手绘文化。

任务一　室内透视与体块表现

任务目标

1. 掌握室内透视的基本术语与原理。
2. 掌握平行透视与成角透视的绘制步骤和方法。
3. 熟练运用透视与线条表现立方体的明暗。

任务描述

学习基本的透视原理，并能合理运用；完成立方体的平行透视与成角透视表现；完成体块明暗综合表达练习。

任务知识点

一、透视原理

1. 透视学的定义

透视学是指在绘画中眼睛通过一块假想的透明平面来观察对象，并借此研究在一定视觉空间范围内物体图形的产生原理、变化规律以及作图法的一门科学。

2. 透视的三要素

在绘画透视中，只有具备物体、画面、眼睛（视点）这3个要素，透视现象才能产生（图2-1）。

（1）物体：被描绘或设想的对象，它可以是客观存在的物体，也可以是塑造的形象或构想的形体。

（2）画面：承接被描绘或设想的对象的媒介面，如纸张、布面、木板、玻璃、墙面等各种平面材料，它们为完成透视图提供了必要的场所。

（3）眼睛（视点）：是透视的主体，眼睛对物体的观察构成了透视的主观条件。

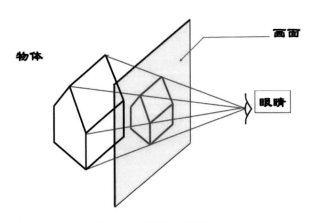

图2-1　透视的空间关系

3. 透视的基本规律

透视学中有些基本的、人眼共有的视觉规律，它们是进行写实绘画和设计制图必须掌握的。

（1）近大远小：物体离视点越近则越大，离视点越远则越小。古人所说的"一叶障目不见泰山"即如此，如柱廊（图2-2）。

（2）近高远低：相同高度的物体离视点越近，则越显得高，离视点越远则越显得矮，如林荫道（图2-3）。

（3）近宽远窄：相同宽度的物体，离视点越近，则越显得宽，离视点越远则越显得窄，如铁轨（图2-4）。

（4）近实远虚：物体离视点近，在视网膜上所呈现的影像就大些，受到光刺激的感光细胞面积大，数量也多，自然清晰些。同时，物体的明暗、表面光洁程度对物象的清晰度也有一定的影响。画家和室内设计师要研究仔细，利用物象的清晰和模糊对比，与其他透视规律配合，来塑造画面的远近空间感（图2-5）。

图 2-2 柱廊

图 2-3 林荫道

图 2-4 铁轨

图 2-5 山顶的远近空间感

4. 透视的基本术语

（1）视点（E）：观察者眼睛的位置，是透视中所有视线（投影光线）的集结点，即投影中心（图2-6）。

（2）视平线（HL）：在画面上通过主点的一条水平线（图2-6）。

（3）视高（H）：从视点到停点（S）之间的垂直距离（图2-6）。

（4）心点（CV）：中视线与画面的垂直交点，又称为主点、视心（图2-6）。

（5）基面（GP）：物体所在的平面，即立点所在面（图2-6）。

（6）基线（GL）：画面与基面的交接线（图2-6）。

（7）视向：作画时所看的方向，分为俯视、平视、仰视3种（图2-7～图2-9）。

（8）灭点：不平行于画面但相互平行的直线，最终形成的透视投影必然向远方汇集于一点，该点即灭点，又称为消失点（图2-10）。

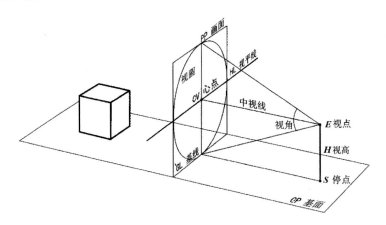

图 2-6　透视的基本术语

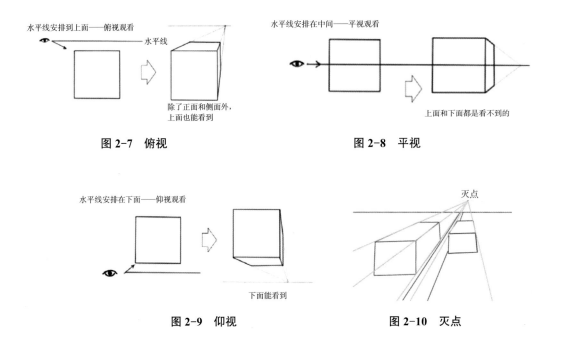

图 2-7　俯视　　　　　　　　　　　　　　　　图 2-8　平视

图 2-9　仰视　　　　　　　　　　　　　　　　图 2-10　灭点

二、一点透视

1. 一点透视的定义

日常生活中的物体，无论它们的形状结构多么复杂，均可归纳为一个或数个正平行六面体。以立方体为例，只要存在与画面平行的面，其他与画面垂直的平行线必然只有一个主向灭点——心点。在这种情形下的作图称为一点透视。由于一点透视只有一个灭点，所以又称为"平行透视"（图2-11）。

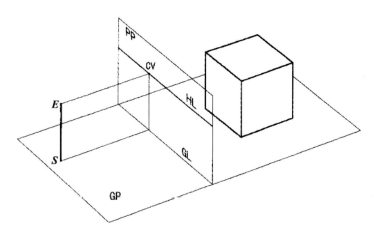

图 2-11　一点透视

2. 一点透视的规律（图 2-12）

（1）立方体的前、后两个面与画面平行，底面、顶面与基面平行。

（2）立方体无论处于何种位置，在视角 60° 之内所表现的画面只有一个灭点——心点。

（3）立方体包含心点时，只能看到 1 个面；立方体包含视平线或中心线时，只能看到 2 个面；立方体不包含心点、视平线的中心线时，能看到 3 个面。

（4）立方体的高低不同时，距视平线越远的水平面透视越宽，反之越窄；立方体的左、右位置不同时，距中心线越远的侧立面透视越宽，反之越窄。

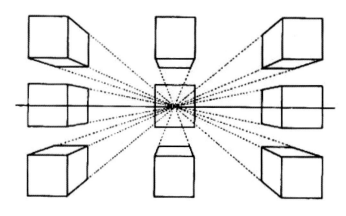

图 2-12　一点透视的规律

3. 一点透视中立方体的画法

一点透视中立方体的作图步骤如下。

（1）确定视平线（HL）、灭点（VP）（图 2-13）。

图 2-13　确定视平线、灭点

（2）画出 9 个正方形，每个正方形相等，每 3 个正方形在同一水平线或垂直线上，它们的间距相等。按照视点在物体的左、中、右 3 个不同的位置画出透视图。若以眼睛的高度来看，仰视、平视、俯视画出来的透视图共有 9 种（图 2-14）。

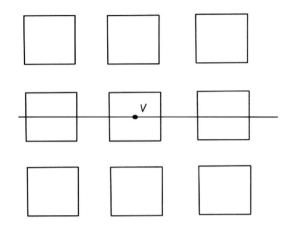

图 2-14 一点透视的 9 个正方形

（3）过灭点连接每个正方形的 4 个顶点，此辅助线用铅笔画出（图 2-15）。

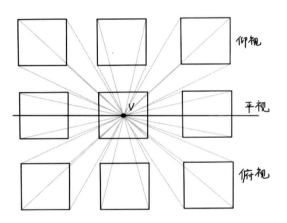

图 2-15 9 个正方形的透视线

（4）用铅笔作垂直、水平的辅助线，找侧面的转角点。保证每个正方体透视侧立面相等（图 2-16）。

（5）通过作好的辅助线，标记后侧面的 4 个顶点（图 2-17）。

（6）连接找好的点，画出正方体（图 2-18）。

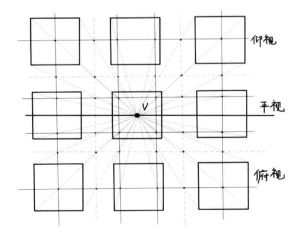

图 2-16 水平与垂直的辅助线

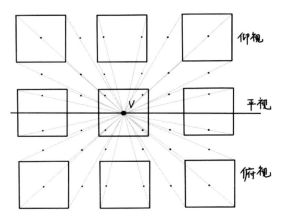

图 2-17 后侧面的 4 个顶点

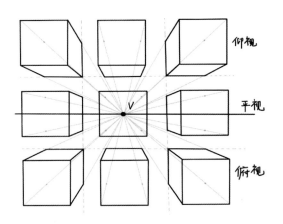

图 2-18 画出正方体

三、两点透视

1. 两点透视的定义

以立方体为例，只要离画面最近的是立方体的一个角，那么立方体的左、右两个竖立面必然与画面成一定角度，且两角相加为 90°，在这种情形下作图称为两点透视。由于它的两个灭点、两个角互为余角，所以又称为"成角透视"（图 2-19）。

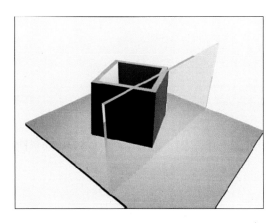

图 2-19 两点透视

2. 两点透视的规律

（1）立方体上下移动时，越接近视位高度，顶面、底面两组成角间的前、后夹角越大，体积感越平缓。当立方体顶面或底面与视位等高时，该面两组成角边的前、后夹角称为平角，贴于视平线。越远离视平线，前、后夹角越小，体积感越强（图2-20）。

（2）立方体做深度排列时，体积由大变小，而顶面、底面两组成角边间的前、后夹角由小变大，越远越平缓，彼此出现形体差异（图2-20）。

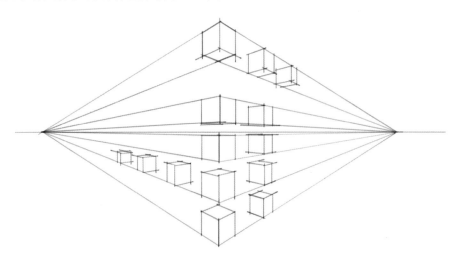

图 2-20　两点透视的规律

3. 两点透视中立方体的画法

两点透视中立方体的绘制步骤如下。

（1）确定视平线（HL）（图2-21）。

图 2-21　确定视平线

（2）根据仰视、平视、俯视3个视角作透视，画出立方体的高度，每个立方体的高度保持相同（图2-22）。

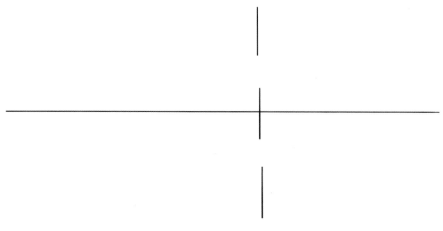

图 2-22　画出立方体的高度

（3）在视平线的左、右两边确定灭点 VP_1 和 VP_2，灭点不宜定得太近，且立方体的高离 VP_1 和 VP_2 的距离不要相等（图2-23）。

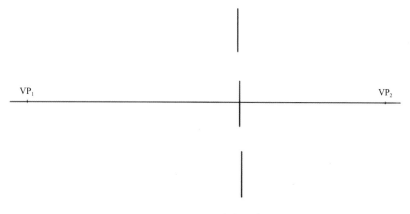

图2-23　确定灭点

（4）立方体的高分别与灭点 VP_1 和 VP_2 连接（图2-24）。

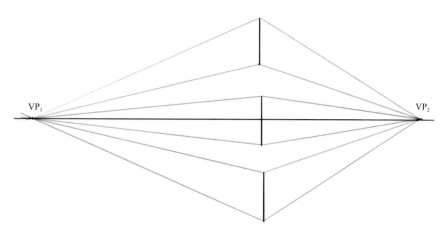

图2-24　连接灭点

（5）与灭点近的侧立面看到的面少，而与灭点远的侧立面看到的面多。根据此原理，作侧立面的辅助线，保证3个立方体的左侧立面在同一垂直线上，右侧立面在同一垂直线上（图2-25）。

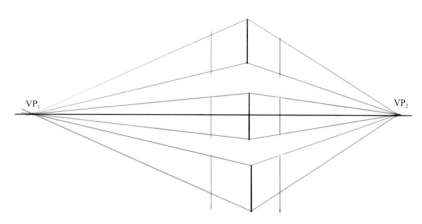

图2-25　确定左、右侧立面

（6）根据作出的立方体的左侧立面和右侧立面，可得到左侧立面的两个顶点和右侧立面的两个顶点；灭点 VP_1 分别与左侧立面和右侧立面的顶点相连，灭点 VP_2 分别与左侧立面和右侧立面的顶点相连，得到立方体的两点透视（图 2-26）。

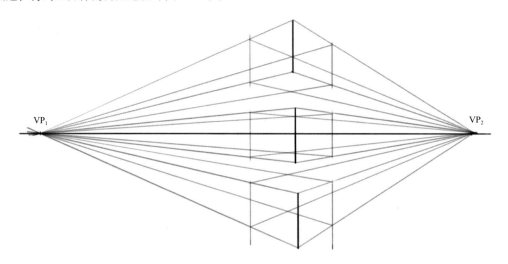

图 2-26　画出顶面与底面

（7）画出立方体内部结构线，看不见的结构线用虚线表示（图 2-27）。

视频：两点透视立方体画法

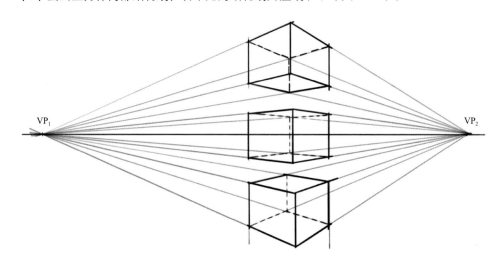

图 2-27　画出内部结构线

四、体块的明暗表现

室内设计手绘中，面、体的最直接表现就是排线。排线主要是为了表现明暗关系，从而表达出形体的体积感。下面学习排线的方法。

1. 面的明暗表现

排线就是按照一定的规律排列而成的线条，其或疏或密，或多或少，按灰度的要求和块面大小而定，暗部排线密，亮部排线疏，通过线条的疏密来表现明暗关系（图 2-28）。

图 2-28 灰度等级与排线的对应

2. 几何形体的明暗表现

由于工具的原因和表达的简化，一般可用明、暗、反光，明、暗、投影或明、暗、反光、投影表现，其他的层次省去，但可以用排线留点反光增加通透感。一般情况下，亮面留白，灰面排线疏，暗面排线密，投影排线最密（图 2-29）。

图 2-29 几何形体的明暗表现

3. 排线的种类

排线的种类主要有 3 类，即单线排列、组合排列及随意排列。在室内设计手绘中常用的是单线排列。下面着重讲解单线排列的方法。

（1）单线排列。单线排列是画灰面、暗面及投影时最常见的处理手法，从技法上来讲只要把线条排列整齐就可以，同时注意物体的边缘线要相交，线条的间距尽量均衡（图 2-30）。

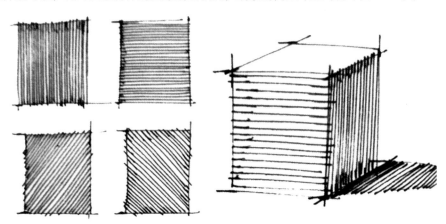

图 2-30 单线排列

（2）组合排列。组合排列是在单线排列的基础上叠加另一层线条排列的效果，这种方式一般会在区分块面关系的时候用到。需要注意的是，叠加的那层线条不要和第一层单线的方向一致，要略微变换方向，而且线条的形式也要有变化（图 2-31）。

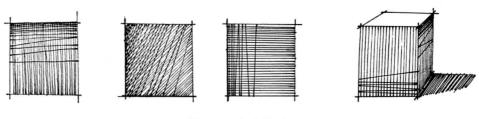

图 2-31　组合排列

（3）随意排列。这里所说的"随意"，并不代表"放纵"，而是让线条在追求整体效果的同时变得更加灵活（图 2-32）。

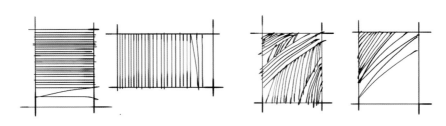

图 2-32　随意排列

4. 几何形体的排线方法

（1）在表现几何形体时应根据结构排线。在练习中，排线方向一般是沿着物体面的边缘，也就是说与物体面的边缘平行。其有两种排线方式：一种是沿透视线排线；另一种是竖线排线（图 2-33）。

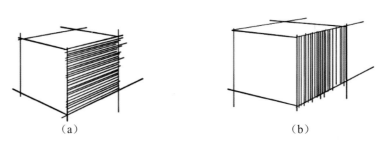

（a）　　　　　　　　　　　　　　　　　　　（b）

图 2-33　平行排线的两种方式
（a）沿透视线排线；（b）竖线排线

（2）单面的排线有疏密变化，其变化规律是按照假定光源的方向，近光的较亮，远光的较暗，无特殊情况一般不表现反光，否则会显得杂乱。图 2-34 中光源位置在左上角，暗面左边排线暗，右边排线亮。

图 2-34　单面排线的疏密变化

（3）长条形的面沿着短边排线。对于长宽比例较大的长条状块面，一般不沿长度方向排线，而沿宽度方向排线（图 2-35）。

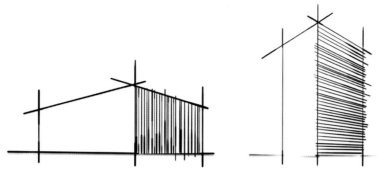

图 2-35　沿宽度方向排线

◎ 任务小结

1.透视三要素：物体、画面、眼睛（视点）。

2.透视规律：近大远小、近高远低、近宽远窄、近实远虚。

3.透视常用术语：视平线（HL）、灭点（VP）、视高（H）、心点（C）、视点（E）。

4.一点透视也称为"一点平行透视"或"平行透视"。

5.两点透视也称为"成角透视"。

◎ 任务训练

1.完成一点透视中立方体的绘制（图 2-36）。

2.完成两点透视中立方体的绘制（图 2-37）。

3.完成不同体块的明暗表现（图 2-38）。

4.徒手绘制一点透视立方体与两点透视立方体（图 2-39）。

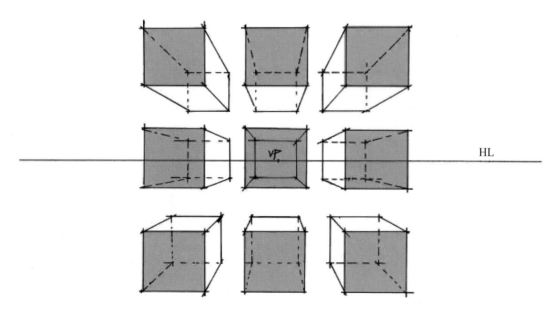

图 2-36　一点透视中立方体的绘制

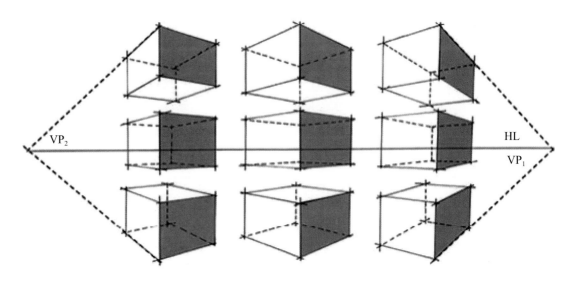

图 2-37 两点透视中立方体的绘制

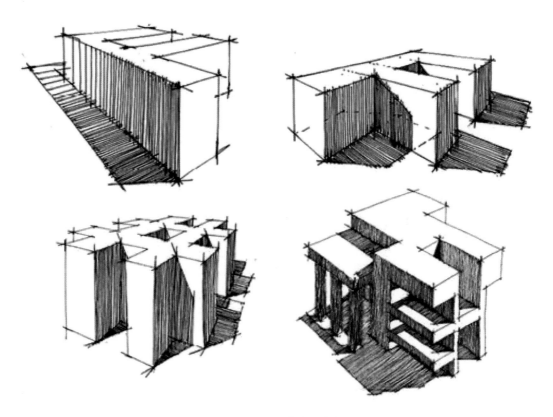

图 2-38 不同体块的明暗表现

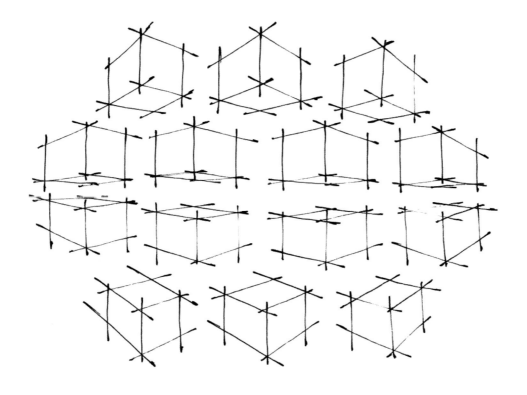

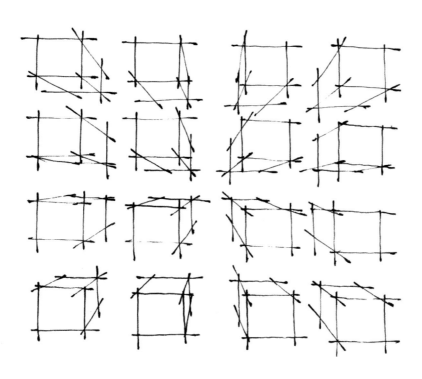

图 2-39　一点透视立方体与两点透视立方体

任务二 室内陈设单体表现

任务目标

1. 掌握室内各种柜类家具单体的表现方法。
2. 掌握室内沙发、座椅单体的表现方法。
3. 提高手绘造型能力和表现力。

任务描述

完成沙发、座椅、电视柜、床头柜、茶几等不同家具单体的线稿表现，并进行明暗关系的细致刻画。

任务知识点

一、柜体类家具的表现

1. 茶几绘制示范步骤

（1）画出茶几的方形体造型，注意透视、透视的角度要准确，仔细观察 3 个面的透视角度，与案例的角度要一致（图 2-40）。

（2）画出茶几右侧面造型及投影，注意内凹造型中小面的内部透视，同向的线交同向的灭点（图 2-41）。

（3）画出茶几的装饰布艺、果盘及光滑材质的线条表现（图 2-42）。

视频：两点透视茶几画法

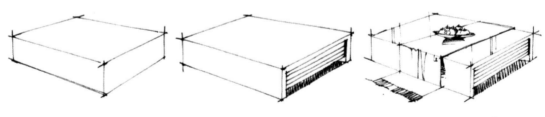

图 2-40　画长方体　　　　图 2-41　画造型及投影　　　　图 2-42　画细节

2. 电视柜绘制示范步骤

（1）用铅笔画出电视柜的外轮廓长方体，电视柜比较长，在画透视的时候需要将其作为重点（图 2-43）。

（2）画暗面排线及投影，电视柜的投影的方向竖向排列，还需要注意离物体近的地方投影最深，投影的疏密要注意变化（图 2-44）。

（3）画出柜门的细节完成线稿（图 2-45）。

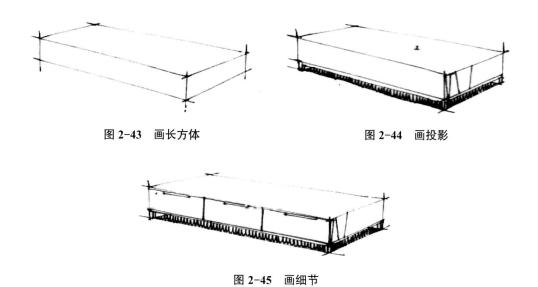

图 2-43　画长方体　　　　　　　　　　图 2-44　画投影

图 2-45　画细节

3. 床头柜绘制示范步骤

床头柜造型简单，在长方体的基础上没有太多变化，透视位置在灭点的中间，但是要注意以下几项。

（1）对于有脚的床头柜，注意柜脚的刻画，一点透视柜脚的连线或水平或交灭点。

（2）注意当家具表面出现与柜边平行的造型线时，与柜边的透视保持一致。

（3）要注意对于家具单体上小细节的刻画，如柜脚、柜门拉手等，注意透视的关系（图 2-46）。

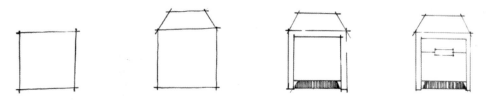

图 2-46　一点透视床头柜绘制步骤

二、沙发、座椅类家具的表现

1. 沙发单体绘制示范步骤一

（1）用铅笔画出沙发的方形体，注意透视要准确，透视视角要准确（图 2-47）。

（2）用铅笔画出沙发腿的高度和投影的轮廓，需要注意投影轮廓的透视关系（图 2-48）。

（3）由绘图笔画出沙发的外轮廓，用直线表示，注意擦去辅助线；画出扶手、靠垫，注意扶手、靠垫的弧线表现效果；画出投影的排线，注意排线的表示方法（图 2-49）。

图 2-47　画方形体　　　　　图 2-48　画投影　　　　　图 2-49　完成

2. 沙发单体绘制示范步骤二

一点透视沙发的透视位置有的时候在灭点的左边，要先画出正面的立面，再画出一点透视几何体及投影，最后刻画坐垫、抱枕，注意抱枕、坐垫的弧线造型及透视（图2-50）。

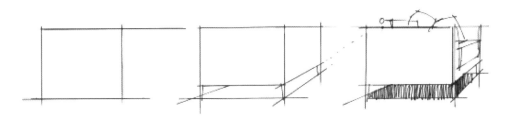

图 2-50　一点透视沙发绘制示范步骤

3. 座椅单体绘制示范步骤（图2-51）

（1）用铅笔绘制椅子下方与后背的立方体透视，注意透视属于平视与俯视的结合。

（2）绘制椅子的坐垫与扶手的位置透视，要注意消失于共用的灭点。

（3）绘制出椅子侧面、暗面与地面的阴影，增加椅子的光影明暗立体效果。

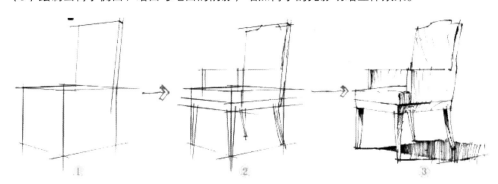

图 2-51　座椅单体绘制示范步骤

视频：一点透视沙发画法

视频：两点透视椅子画法

◉ 任务小结

绘制家具时要注意从整体入手，简洁、概括、生动，特别要注意它们的比例和透视关系，以及虚实的处理。任何复杂的结构归根结底都是来源于最初的几何体块，对复杂的结构进行概括，以一个简单方体块便能衍生出各款室内设计中的家具。平时要多收集最近的款式、材料等，进行大量的临摹和写生，坚持用轮廓提炼方法表达设计物体，为徒手表达空间奠定良好的基础。

家具单体线稿绘制案例如图2-52～图2-57所示。

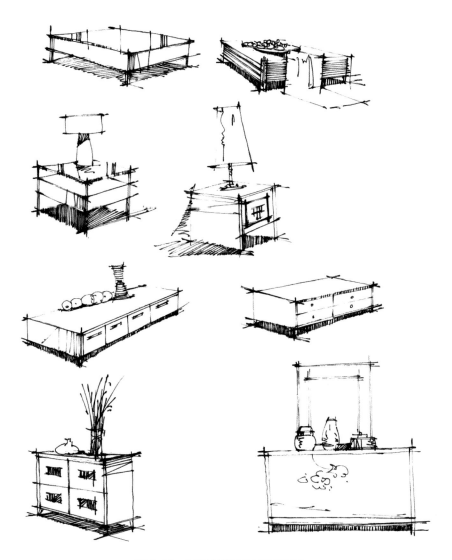

图 2-52　不同柜体家具线稿表现

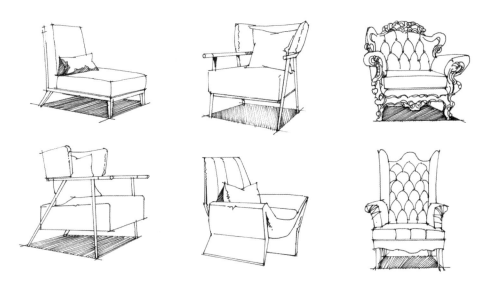

图 2-53　不同沙发线稿表现（一）

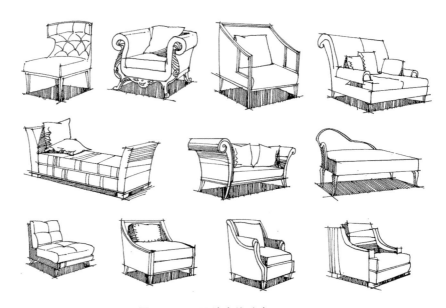

图 2-54 不同沙发线稿表现（二）

图 2-55 不同沙发线稿表现（三）

图 2-56　一点透视沙发、座椅线稿表现（一）

图 2-57　一点透视沙发、座椅线稿表现（二）

◉ **任务训练** ···◉

1.按照类别临摹家具造型。

2.查找一些家具图片进行速写绘制（不少于 3 张）。

任务三　室内陈设组合表现

任务目标

1. 掌握室内沙发组合的表现方法。
2. 掌握室内桌椅组合的表现方法。
3. 掌握床组合的表现方法。
4. 提高手绘造型能力和表现力。

任务描述

完成沙发组合、桌椅组合、床组合等家具的线稿表现，并进行明暗关系的细致刻画。

⊃ 任务知识点

一、沙发组合表现

在绘制沙发组合时，同样使用大的几何体来综合表现复杂的单体，并注意每个单体的透视变化。用曲线进行造型时，用几何的小块面将不规则的沙发切出来，可分成多段来切。

在画线稿时，注意线条曲直、虚实、轻重的变化及细节的表现，如沙发坐垫、抱枕、书本、装饰布衣等。抱枕的柔软、蓬松感，用略带弧度的线条表现；装饰布衣褶皱方向应随形体转折。

画投影时需注意投影与沙发腿相接处线条较密，投影的排线要上下相连。

沙发组合的表现示范步骤如下。

（1）用铅笔画出家具组合的地面投影（图2-58）。

（2）画出家具的高度，将各几何体的透视绘制准确（图2-59）。

（3）画出家具的结构线，扶手分段来画，注意每段的连线都交于右边灭点（图2-60）。

（4）画出家具的投影及抱枕、书本，注意脚蹬与布艺褶皱透视消失于共同的灭点（图2-61）。

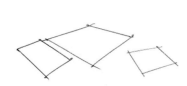

图 2-58　画家具地面投影

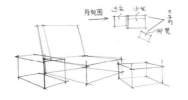

图 2-59　画家具高度

图 2-60　画家具的结构线

图 2-61　完成细节

二、桌椅组合表现

这是一组方形的餐桌椅组合，选用一点透视进行表现，在表现时要注意前后的空间变化和正确的比例关系。

（1）用铅笔定位桌椅组合的地面投影（图2-62）。

（2）定位物体的高度，画出桌椅的整体框架结构。绘制时要注意家具之间的位置关系（图2-63）。

（3）用绘图笔勾出家具的外轮廓（图2-64）。

（4）深化形体，添加阴影（图2-65）。

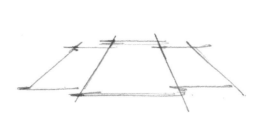
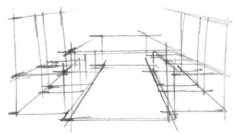

图 2-62　定位地面投影　　　　　图 2-63　定位家具高度

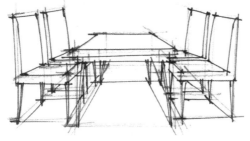
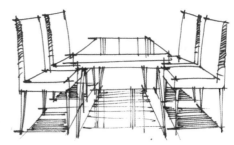

图 2-64　画家具结构　　　　　图 2-65　刻画细节

视频：两点透视桌椅组合画法　　　视频：圆形桌椅组合画法

三、床组合表现

（1）用铅笔画出床的投影，注意透视（图2-66）。

（2）画出床的高度，将形体归纳为几何体，定好长、宽、高比例（图2-67）。

（3）画出床和床头柜的细节部位，注意床单角的处理，用接近三角形的几何体表现（图2-68）。

（4）用笔勾画出床的外轮廓，注意床单的线条要画得稍软一些，以体现其柔和的效果（图2-69）。

（5）画出床单的布褶效果，以及其他部位的细节和阴影。布褶的线条要画得轻，不可画得过硬，要注意柔和度及疏密变化（图2-70）。

图 2-66　画地面投影

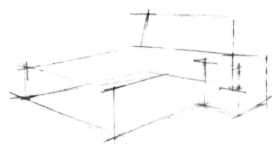

图 2-67　画家具高度

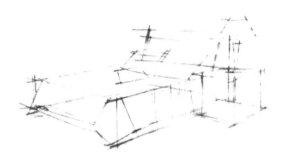

图 2-68　画家具结构

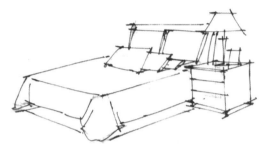

图 2-69　细化床单、抱枕

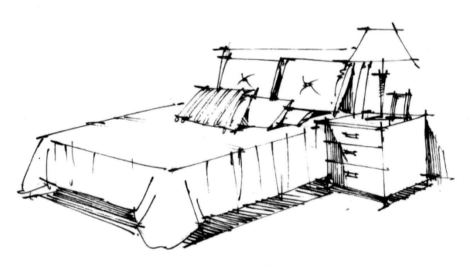

图 2-70　刻画细节完成

视频：床组合线稿画法

◉ 任务小结

　　家具在室内空间中常以组合的形式出现，构建家具陈设组合表达，难度比家具单体表达大很多，处理陈设组合时需要严格按照透视规律、比例关系、框架构建要求，找出室内陈设组合在地面上的投影，然后对其进行高度的拉伸，准确地找出陈设组合的空间关系。

　　家具组合案例表现如图 2-71～图 2-79 所示。

图 2-71　餐桌椅组合线稿表现（一）

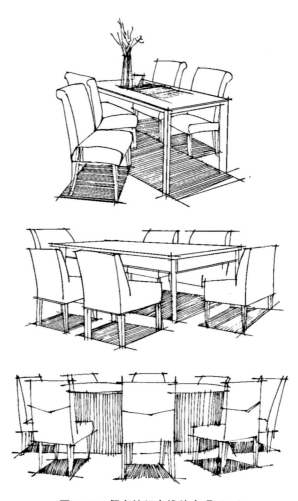

图 2-72　餐桌椅组合线稿表现（二）

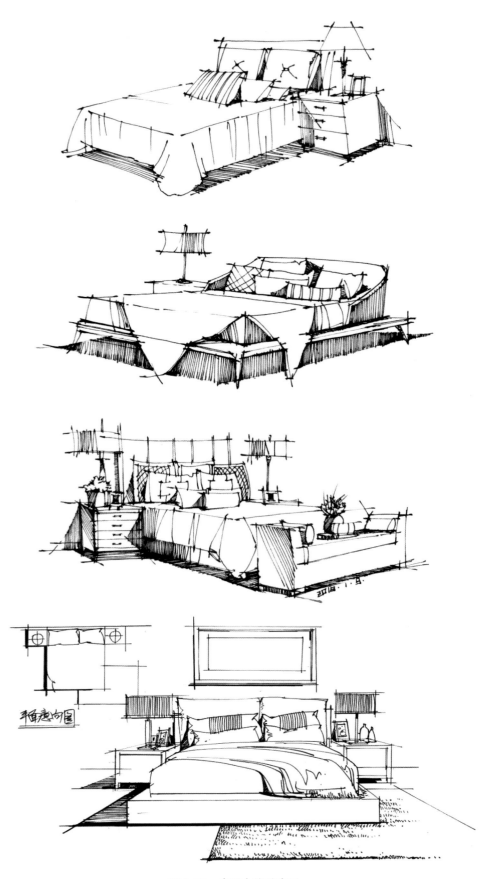

图 2-73　床组合线稿表现

图 2-74　沙发、柜体组合线稿表现

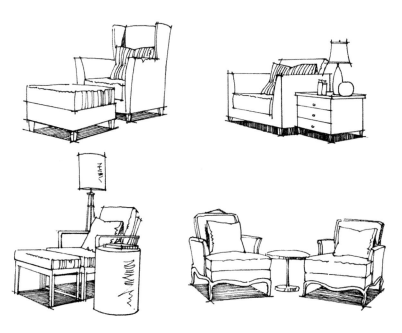

图 2-75　沙发组合线稿表现（一）

图 2-76　沙发组合线稿表现（二）

图 2-77 沙发组合线稿表现（三）

图 2-78　沙发组合线稿表现（四）

图 2-79　沙发组合线稿表现（五）

◉ **任务训练** ···⊚

1. 按照类别临摹家具组合造型。
2. 查找一些家具组合图片进行速写绘制（不少于 3 张）。

任务四　室内陈设配饰表现

任务目标

1.理解灯具、抱枕、窗帘、植物、工艺摆件的特点。
2.掌握灯具、抱枕、窗帘、植物、工艺摆件的表现方法。
3.提高手绘造型能力和表现力。

任务描述

完成灯具、抱枕、窗帘、植物、工艺摆件等家具饰品的线稿表现，并进行明暗关系的细致刻画。

◯ 任务知识点

一、灯具表现

室内的灯具按照安装的方式一般可分为吊灯、吸顶灯、落地灯、壁灯、台灯等。表现灯具的时候一般是从灯的发光点，也就是从灯头画起，画的时候要注意线条的流畅性，避免过于僵硬。

（1）用铅笔定位灯具的支撑线和大的灯罩（图2-80）。

（2）概括地画出小灯罩的位置（图2-81）。

（3）待灯罩画好后，再勾画出灯杆的造型（图2-82）。

（4）用绘图笔画出灯具的外轮廓（图2-83）。

（5）完善灯具的细节（图2-84）。

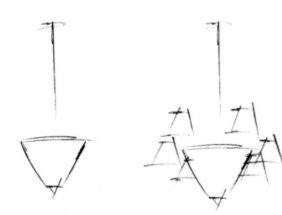

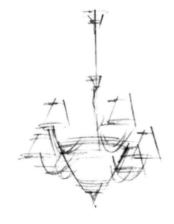

图 2-80　定位灯具　　　图 2-81　定位小灯罩　　　图 2-82　画灯杆

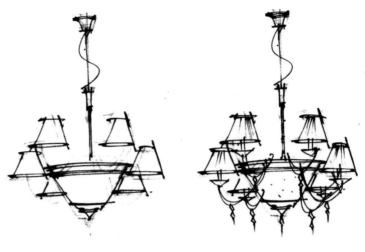

图 2-83　画外轮廓　　　　　　　图 2-84　完善细节

不同灯具线稿表现案例如图 2-85、图 2-86 所示。

图 2-85　灯具线稿表现（一）

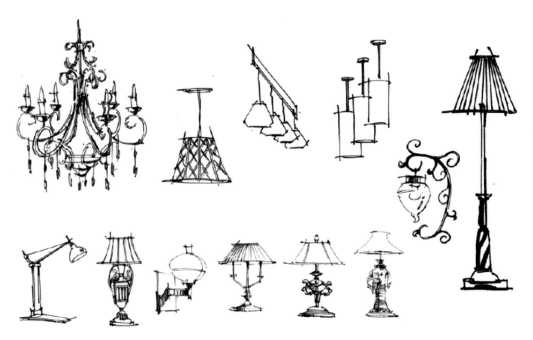

图 2-86　灯具线稿表现（二）

二、抱枕表现

1. 抱枕的几何分析

抱枕的表现要注意明暗变化及体积厚度，只有具有厚度，才能画出物体的体积感。先将抱枕理解为简单的几何形体，进行分析（图 2-87）。

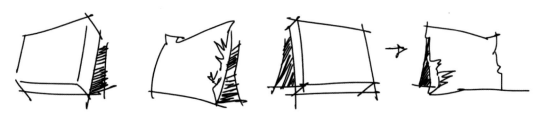

图 2-87　抱枕的几何分析

重点：靠垫左、右的弧线其实是斜的，上、下的线要根据画面的透视绘制，褶皱要随着靠垫鼓起的弧度画，下面的宽度要比上面略大。在刻画抱枕的时候线条不能过于僵硬，注意整体的形体、体积感和光影关系（图 2-88）。

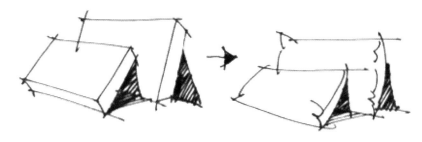

图 2-88　多个抱枕的几何分析

2. 抱枕的画法

先找出抱枕的透视，然后画上、下的直线，左、右为弧线，再画出四个角及投影（图 2-89）。

图 2-89 抱枕的画法

抱枕线稿表现案例如图 2-90、图 2-91 所示。

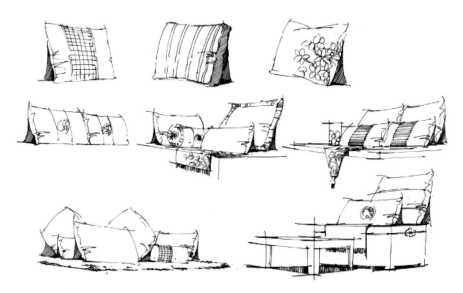

图 2-90 抱枕线稿表现（一）

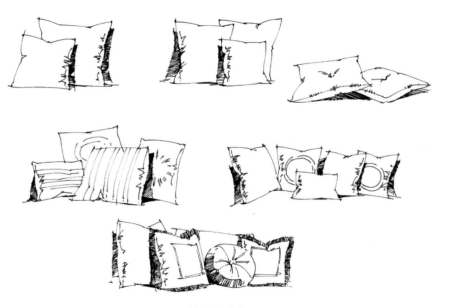

图 2-91 抱枕线稿表现（二）

三、窗帘表现

1. 窗帘的画法

窗帘一般在画面上处于比较"鸡肋"的位置，或者很远，或者在边缘，总之是被弱化的。只要掌握好竖线的画法，处理出窗帘的褶皱起伏即可（图 2-92）。

重点：线条要穿插得自然，要先画竖着的褶皱线，注意褶皱线要有疏密变化，再连接高低起伏的底摆。

图 2-92　窗帘画法

2. 窗帘线稿表现案例

窗帘线稿表现案例如图 2-93 所示。

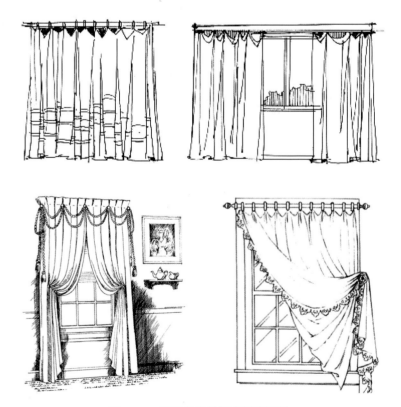

图 2-93　不同类型的窗帘线稿表现

四、植物表现

植物的种类有很多，画法相对比较复杂，在手绘表现中，可以对植物进行归纳总结，大致分为轮廓表现类型和非轮廓表现类型，在学习时可以先从一些简单和常用的类型开始练习。

1. 轮廓表现类型植物

一般此类植物的叶子都比较小，可以概括植物的外形轮廓，这里重点地强调概括。将植物分为规则或不规则的外形，如凹凸线、小叶线、尖角线等类型（图 2-94）。

图 2-94 不同线形表现

对于轮廓表现类型植物，可用轻重变化的抖线画出植物外框"圆"，再将其当成球体，用小抖线或小圈圈的画法，在暗部由密到疏地表现（图 2-95）。

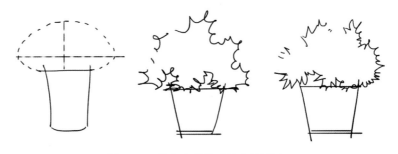

图 2-95 轮廓表现类型植物的画法

2. 非轮廓表现类型植物

非轮廓表现类型植物一般为阔叶与针叶类型植物。绘制阔叶类型植物时，先找出阔叶的经脉走向，再画出宽叶面的形状（图 2-96）。针叶类型植物的叶子较细，表现时注意其生机勃勃、往上生长的状态。无论是针叶类型还是阔叶类型，都要注意其层次感的表现，一片压一片，刻画清楚（图 2-97）。

图 2-96 阔叶类型植物

图 2-97 针叶类型植物

植物的线稿表现案例如图 2-98 所示。

图 2-98　植物的线稿表现

五、工艺摆件表现

工艺摆件就是摆放在公共区域、桌、柜或橱里供人欣赏的工艺品，其范围相当广泛，如雕塑、铁艺工艺品、瓷器、水晶工艺品、玻璃工艺品、花艺工艺品、浮雕、装饰艺术品、装饰绘画、相框等都属于这一系列。软装饰品是活跃室内气氛的重要因素（图 2-99、图 2-100）。

图 2-99　工艺摆件的线稿表现（一）

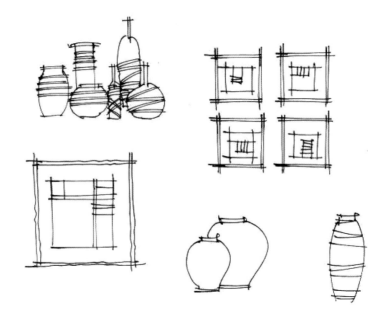

视频：室内陈设配饰表现

图 2-100　工艺摆件的线稿表现（二）

◉ **任务小结**

在室内陈设配饰表现中，对于装饰的造型要准确地掌握其要点。透视要准确，注意抱枕上、下边线的透视，台灯灯罩的透视。掌握每个装饰工艺摆件的画法，将线条与排线表现正确。

◉ **任务训练**

1.按照类别临摹灯具、抱枕、植物、窗帘及装饰工艺摆件造型。

2.查找一些室内陈设配饰图片进行速写绘制（不少于3张）。

项目三 | 室内空间效果图表现

项目导学

室内空间效果图表现优劣的标准有线条是否流畅、透视是否准确、对体积感的把握是否准确，需重点强调画面的构图布局。

（1）构图是把众多造型要素在画面上有机结合、巧妙安排、精心设计，形成既对立又统一的画面，以达到视觉、心理上的平衡。

（2）初学时，要用心观察、思考，多收集素材，这样才能够举一反三，熟练灵活地掌握设计表现方法。要具备追求卓越的恒心，以创造室内空间的完美效果。

任务一　室内空间平行透视效果图表现

任 务 目 标

1. 了解透视和透视图。
2. 掌握室内空间平行透视效果图的画法。
3. 熟练掌握透视原理，通过空间思维训练，培养快速表现不同空间的能力。

任 务 描 述

理解透视与平面图的基本关系，根据平面图完成室内空间平行透视效果图线稿表现。

○ 任务知识点

一、室内空间平行透视效果图的画法

1. 了解透视和透视图

在日常生活中，人们看到的人和物的形象有远近、大小、长短、高低等不同，这是由于距离不同、方位不同，在视觉中引起的反映不同，这种现象称为透视。这里所讲的透视图是一种绘画的术语，是数千年来中外画家、建筑师在实践中总结出来的一门绘画、制图技法。它是通过对景物的观察归纳出视觉空间的变化规律，用画笔准确地将三维空间中的景物描绘在二维空间的平面上，使人产生空间的视觉印象，得到相对稳定、立体的画面空间（图3-1）。

图3-1　室内空间透视图

2.学会透视的重要性及规律

室内空间透视效果图在设计方案中的重要性不言而喻，它是所有设计意图的结晶，其直观性使客户容易接受，其图解性更易于作者分析，易于对空间的设计进行引发和深化。因此，透视图怎么表现，表现什么样的内容，哪些空间所要表现的内容是重点，都是在开始绘制透视效果图前需要仔细思考的内容（图3-2）。

图 3-2　透视效果图

3.一点透视空间效果图的画法

已知条件：客厅空间的尺寸为宽 4 000 mm、深 4 000 mm、高 3 000 mm；视点 S 在 1 600 mm 处；视高为 900 mm；沙发尺寸为 2 000 mm×800 mm×800 mm、茶几尺寸为 900 mm×600 mm×380 mm；电视柜尺寸为 2 000 mm×500 mm×450 mm；单人沙发尺寸为 800 mm×800 mm×800 mm；长凳尺寸为 1 200 mm×450 mm×400 mm；边几尺寸为 500 mm×500 mm×450 mm（图3-3）。

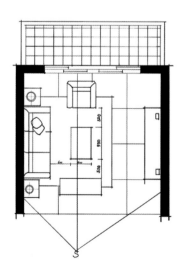

图 3-3　平面示意

下面绘制从视点 S 观察所得的空间透视图。

画图步骤分解如下。

（1）画一个比例为 3 000∶4 000 的矩形框 $ABCD$（高度大约在画纸的 1/3 处），在高度为 900 mm 的位置画视平线 HL，根据视点 S 所提供的 2 000 mm 处往上延伸与视平线 HL 取得交点 V，分别连接 $ABCD$ 四点并延长（视平线一般在 800~1 200 mm 的位置较为合适）（图 3-4）。

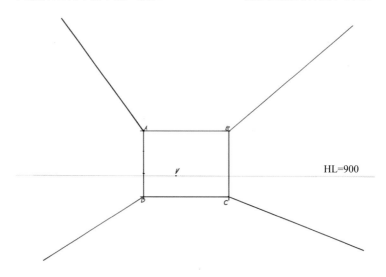

图 3-4　根据比例绘制基准面并延伸出其他墙体

（2）延长 CD 线段，以 D1 为基本单位向左延伸 4 个基本单位，在 G 点的位置确定 M 点的位置，M 点一般在 G 点附近即可，不宜偏离太远（图 3-5）。

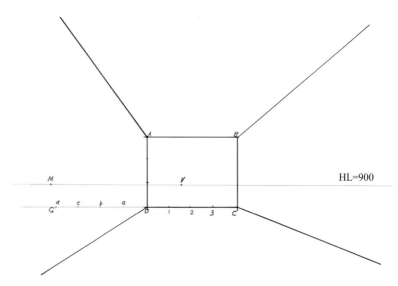

图 3-5　往左边延伸 4 个基本单位

（3）分别连接 Ma、Mb、Mc、Md 延伸到 VD 反向延长线上分别交于 a'、b'、c'、d' 点，确定空间的 4 000 mm 进深，经过 a'、b'、c'、d' 点画与视平线平行的线，得出客厅进深，连接 $V1$、$V2$、$V3$ 得到地面网格深度，此时的格子大小为 1 000 mm×1 000 mm。地面网格与三墙线相交，从交点引垂线，按"横平竖直"的规律完成三墙面网格（图 3-6、图 3-7）。

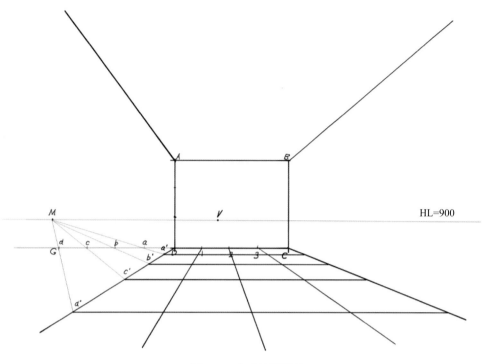

图 3-6 完成地面网格

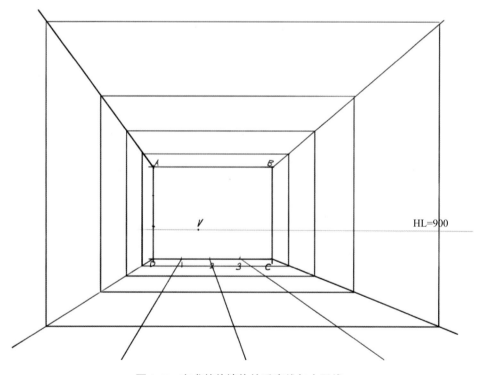

图 3-7 完成其他墙体的垂直线与水平线

（4）根据所给平面布局图，对照家具在平面网格中的位置，在地面相对应的网格上画出家具底面透视（图 3-8）。

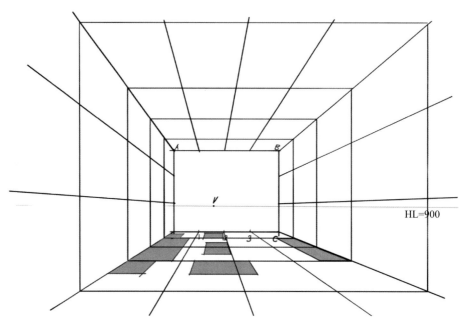

图 3-8 绘制地面家具的投影

（5）在地面四角引垂直线，由左、右墙透视网格取得家具透视高度，完成家具透视。把家具概括为简单的几何形体（图 3-9）。

（6）依据墙面网格及视平线，完成墙面的定位及造型。此时应注意掌握一个规律，除横线、竖线外，其他的线都是与 V 点连接的，即"一点消失"（图 3-10）。

（7）对家具部分进行修饰和调整，此时应注意对线条粗细的把握，这与室内制图中的用线要求是一致的（图 3-11）。

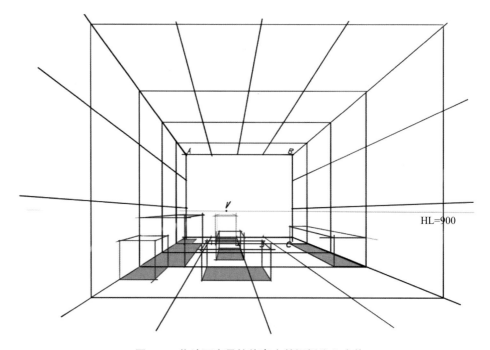

图 3-9 将地面家具拉伸高度并概括为立方体

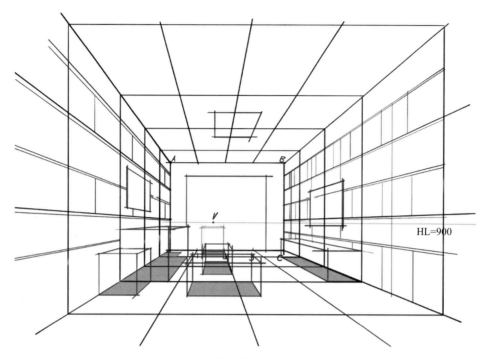

图 3-10　补充墙面与顶面的造型

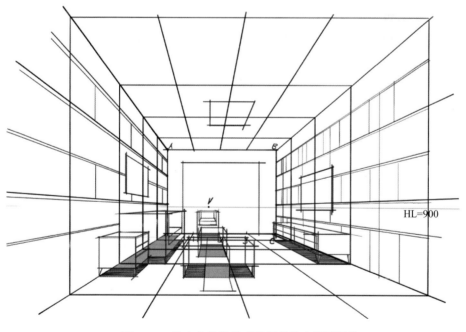

图 3-11　将立方体转换成家具并补充投影细节

二、室内空间平行透视效果图案例

（1）观察空间的结构、透视。确定视平线的高度，在视平线上确定灭点的位置，根据空间结构画出内框，灭点连接内框的四个角点，从而画出该空间的结构线（图 3-12）。

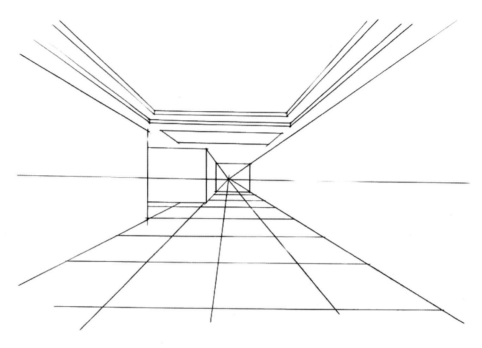

图 3-12 确定视平线与灭点,绘制墙面地面

(2)细化空间结构关系。确定电视背景墙位置,在地面上确定沙发、茶几、边柜的位置。家具之间的位置关系相互参照,注意沙发与茶几和电视背景墙的位置相互对应(图 3-13)。

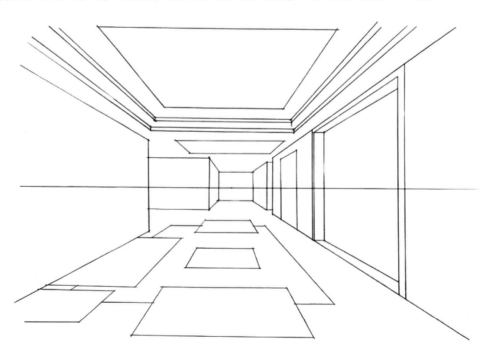

图 3-13 确定地面家具的投影位置与比例

(3)细化顶棚吊顶,将沙发、茶几、电视柜等概括为几何体块关系(图 3-14)。

图 3-14　将家具几何体化

（4）将空间内各家具细化，适当增加投影。对近处的物体进行深入刻画，对远处的物体进行弱化处理，近实远虚，拉开空间关系（图 3-15）。

图 3-15　丰富家具与墙面造型，补充投影细节

🎯 任务小结

1.在透视图的所有表现方式中，平行透视是最基本的一种作图方法。平行透视的优点：应用最多，容易接受，庄严、稳重，能够表现主要立面的真实比例关系，变形较小，适合表现大场面的纵深感；缺点：透视画面容易呆板，形成对称构图，不够活泼。

　　2.注意事项：一点透视的灭点在视平线上稍稍偏移画面 1/3~1/4 为宜。在室内空间平行透视效果图表现中视平线一般定在整个画面靠下的 1/3 左右位置。

　　室内空间平行透视效果图案例如图 3-16~图 3-23 所示。

图 3-16　儿童房平行透视效果图线稿

图 3-17　客厅平行透视效果图线稿（一）

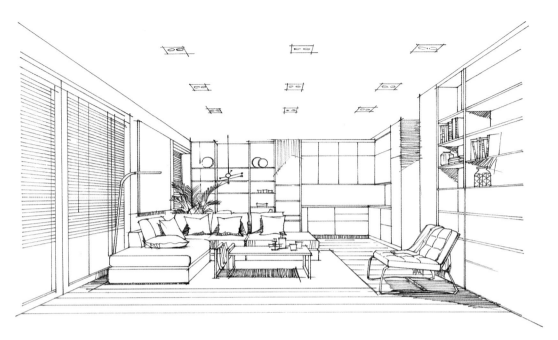

图 3-18 客厅平行透视效果图线稿（二）

图 3-19 客厅平行透视效果图线稿（三）

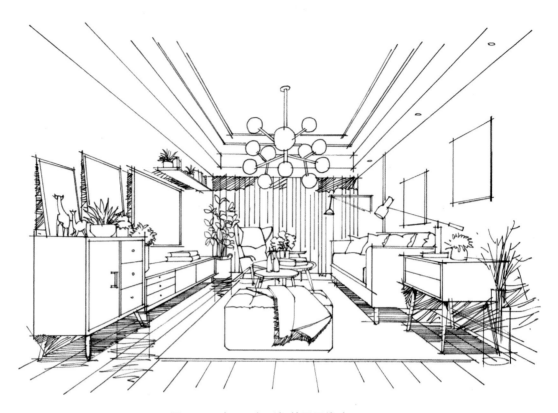

图 3-20 客厅平行透视效果图线稿（四）

图 3-21 客厅平行透视效果图线稿（五）

图 3-22　餐厅平行透视效果图线稿（一）

图 3-23　餐厅平行透视效果图线稿（二）

◉ 任务训练 ···◉

1. 根据图 3-3 所示的客厅平面图，完成客厅室内平行透视效果图。

2. 临摹室内空间平行透视效果图 3 张。

任务二　室内空间成角透视效果图表现

任务目标

　　1.掌握室内空间成角透视效果图的画法。

　　2.熟练掌握透视原理，通过空间思维训练，培养快速表现不同空间的能力。

任务描述

　　理解透视与平面图的基本关系，根据平面图完成室内空间成角透视效果图线稿表现。

任务知识点

一、室内空间成角透视效果图的画法

　　已知条件：客厅空间尺寸为宽4 000 mm、深4 000 mm、高3 000 mm；视点在空间对角处；视高为1 200 mm；沙发尺寸为2 000 mm×800 mm×800 mm；茶几尺寸为900 mm×600 mm×380 mm；电视柜尺寸为2 000 mm×500 mm×450 mm；单人沙发尺寸为800 mm×800 mm×800 mm；长凳尺寸为1 200 mm×450 mm×400 mm；边几尺寸为500 mm×500 mm×450 mm（图3-24）。

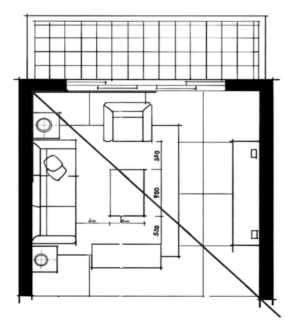

图3-24　平面图

　　下面绘制从视点观察所得的空间透视效果图。

　　画图步骤分解如下。

　　（1）在纸上按照比例画出层高为3 000 mm的墙角线 AB，在 AB 线上确定1 200 mm的视高，并将两边墙面展开作为基线，按比例画出相应米数线（图3-25）。

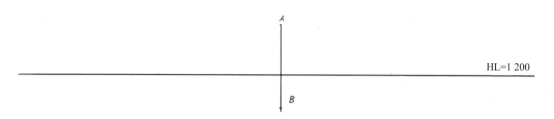

图 3-25 绘制层高，确定视平线

（2）在视平线 HL 上确定两个灭点 VP₁、VP₂（图 3-26）。

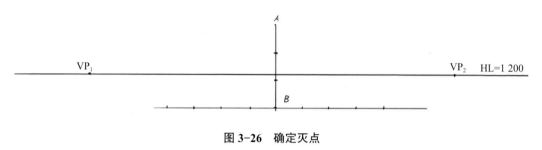

图 3-26 确定灭点

（3）灭点 VP₁、VP₂ 分别向各自相反方向点连线。以 VP₁ 和 VP₂ 之间的长度为直径画圆，交于 AB 的延伸线于点 S（即站点位），然后分别以 VP₁ 和 VP₂ 为圆心，以 VP₁S、VP₂S 为半径画圆，分别与视平线 HL 相交于 M_1、M_2 点（图 3-27）。

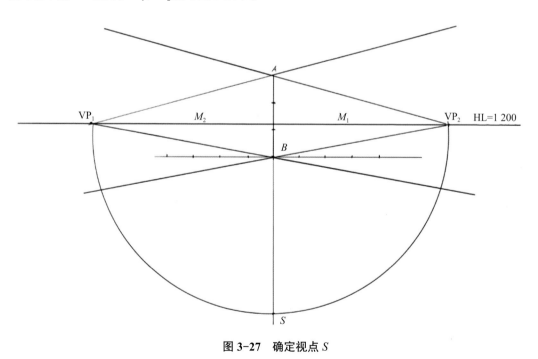

图 3-27 确定视点 S

（4）将 M_1、M_2 分别通过墙面展开基线的相应米数并延长至 VP₁B、VP₂B 的延伸线上，得出 1、2、3、4 点，这 4 个点即 4 m 进深点（图 3-28）。

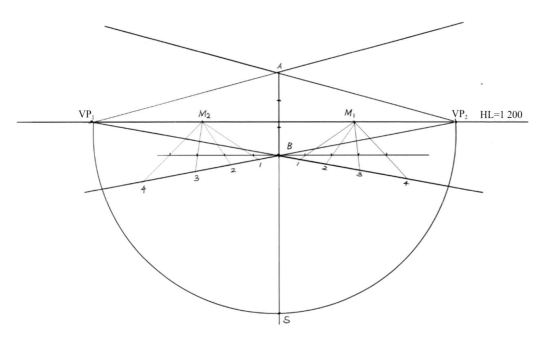

图 3-28　绘制左、右墙体进深，开间 4 m

（5）通过这些点分别向左、右两侧的灭点连线，得出该客厅的透视网格，且间隔均为 1 000 mm×1 000 mm（图 3-29）。

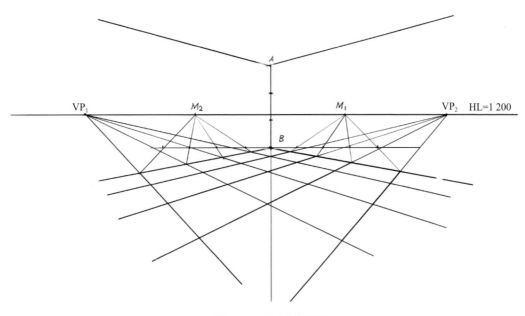

图 3-29　完成地面网格

（6）以竖线与画面垂直，斜线与各自相反方向的灭点连线作为作图原则，完成整个透视空间网格（图 3-30）。

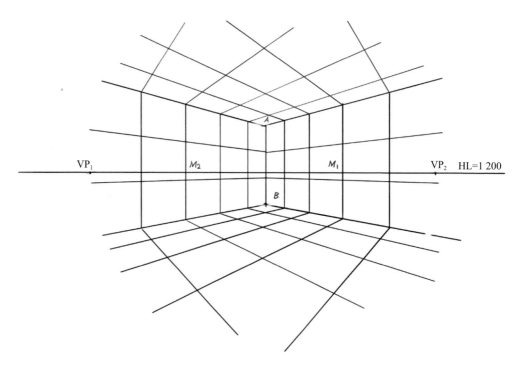

图 3-30 完成其他墙面与顶面网格

（7）根据所给平面布局图，对照家具在平面网格中的位置，在地面相对应的网格上画出家具底面透视（图 3-31）。

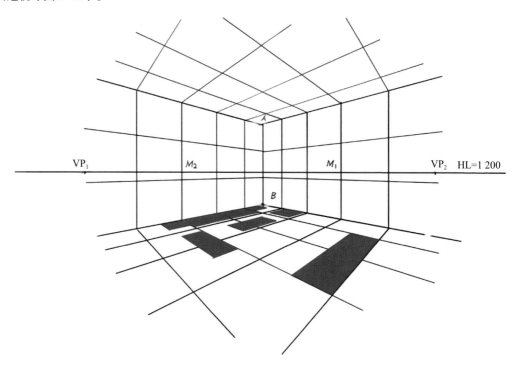

图 3-31 绘制家具地面投影

（8）在地面四角引垂线，由左、右墙透视网格取得家具透视高度，完成家具透视。先把家具概括为简单几何形体，然后完成墙面的定位及造型。这里特别要注意的是在画斜线时，所有斜线均与各自左、右两侧的灭点连线（图 3-32）。

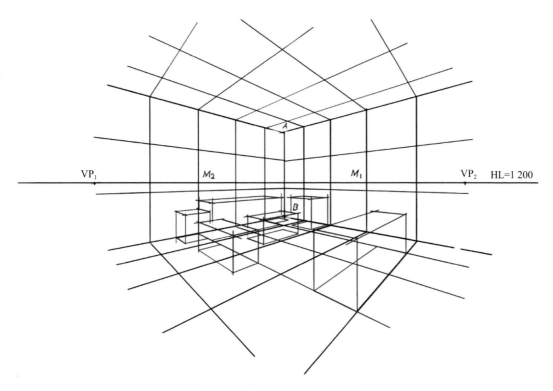

图 3-32　将家具概括为几何体

（9）对家具部分进行修饰和调整，让空间丰富并灵动起来。此时应注意对线条的粗细把握，这与室内制图中的用线要求是一致的（图 3-33）。

视频：成角透视效果图画法

图 3-33　丰富细节，完成线稿

二、室内空间成角透视效果图案例

（1）确定视平线在画面中的位置，并找好两端的灭点（灭点定在视平线上），并把空间结构延伸出来（图3-34）。

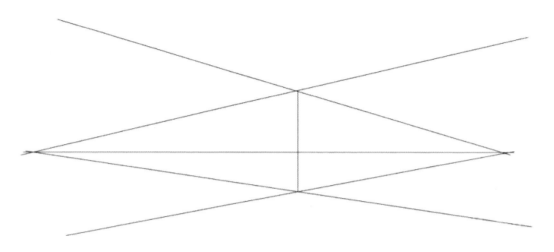

图3-34　绘制层高视平线，确定灭点

（2）在第一步的基础上把沙发、茶几的位置确定出来，明确位置关系，把握空间尺度与距离（图3-35）。

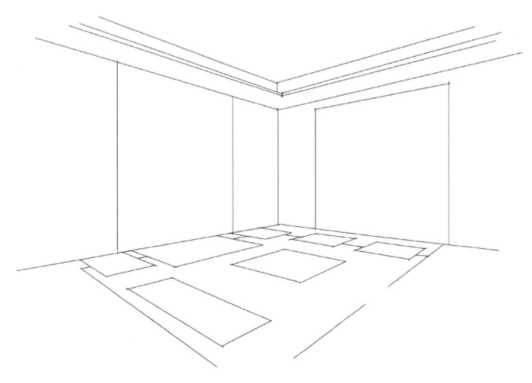

图3-35　绘制家具地面投影

（3）将地面正投影体块化，明确体块的高度、尺寸，适当加入背景墙。整个画面的空间结构、物体初具形态（图3-36）。

图 3-36 绘制家具造型

（4）对画面中的沙发、茶几进行深入刻画。加入投影，增强空间的光影关系。最后调整画面的层次关系，加强空间氛围感，完成线稿的绘制（图 3-37）。

图 3-37 将墙面及地面细节补充完成

◎ **任务小结** ··· ◎

1.两点透视优点：画面灵活并富有变化，适合表现丰富、复杂的场景；缺点：角度掌握不好，会有一定的变形。

2.注意事项：两点透视也称为成角透视，它的运用范围较为广泛，因为有两个灭点，运用和掌握起来也比较困难。应注意两点消失在视平线上，灭点不宜定得太近，在室内成角透视效果图表现中视平线一般定在整个画面靠下的1/3左右位置。

室内空间成角透视效果图案例如图3-38～图3-42所示。

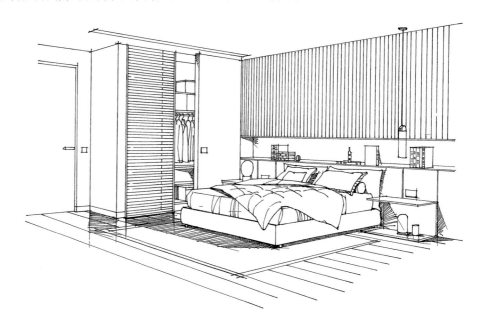

图 3-38 卧室成角透视效果图线稿（一）

图 3-39 卧室成角透视效果图线稿（二）

图 3-40 卧室成角透视效果图线稿（三）

图 3-41 书房成角透视效果图线稿

图 3-42　餐厅成角透视效果图线稿

◉ **任务训练** ··· ◎

1. 根据图 3-24 所示客厅平面图，完成客厅室内成角透视效果图。
2. 临摹室内成角透视效果图 3 张。

任务三　室内空间平角透视效果图表现

任务目标

1.掌握室内空间平角透视效果图的绘制步骤和方法。
2.合理运用平角透视表现物体和空间。

任务描述

理解透视与平面图的基本关系，根据平面图完成室内空间平角透视效果图线稿表现。

任务知识点

一、平角透视的定义

平角透视是介于一点（平行）透视与两点（成角）透视之间的一种表现方法。室内平角透视效果图的特点是后墙面与画面稍成角度，消失现象比较平缓，两侧墙面有构成一点透视之感，但画面所成之角是两点透视；两个灭点中有一个在画面内，另一个在画面外很远的地方，既是成角，又近乎平行，因此称为平角透视。平角透视效果图比一点透视效果图、两点透视效果图的用途更为广泛（图3-43）。

图3-43　室内空间平角透视效果图表现

二、平角透视的特点

在实际的设计活动中，一点透视过于稳重，画面相对较为呆板；两点透视难度较大，稍不注意就容易变形。而平角透视在构图上比一点透视更为生动，画面结构更显丰富，同时比两点透视更易把握，因此用途更为广泛，也更为实用。

三、室内空间平角透视效果图的画法

绘制客厅平角透视效果图的步骤如下。

（1）参照一点透视定出内框（图3-44）。

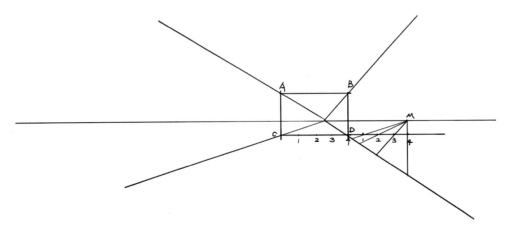

图3-44 定出一点透视内框

（2）连接 *M'* 点所产生的点（左边）为左边的空间进深点（图3-45）。

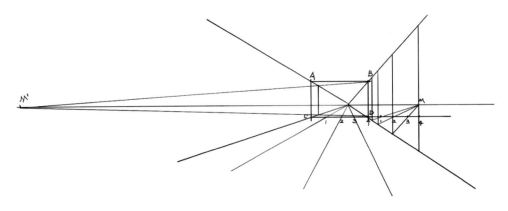

图3-45 定左边进深灭点

（3）连接 *M* 点所产生的点（右边）为右边的空间进深点（图3-46）。

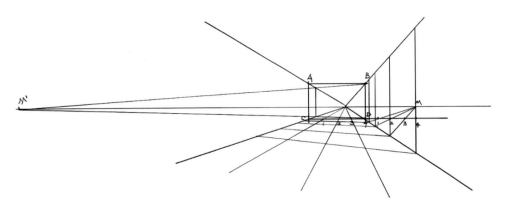

图3-46 定右边进深灭点

（4）根据进深点和高度确定陈设的空间投影位置（图3-47）。

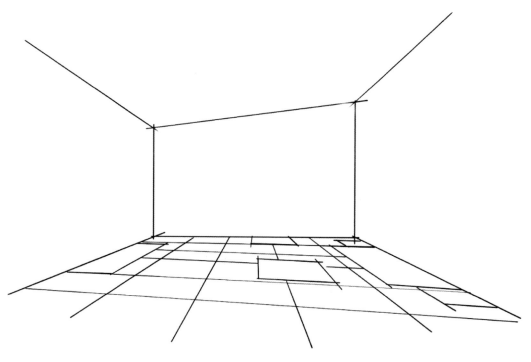

图 3-47　绘制家具地面投影

（5）根据平面投影位置定好陈设的垂线（图3-48）。

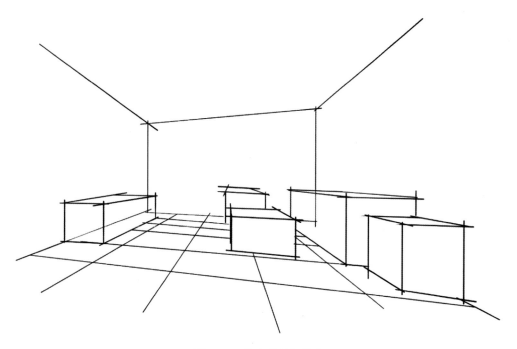

图 3-48　将家具几何体化

（6）确定基本形体后，利用手绘表现技巧，深入刻画空间关系及塑造形体（图3-49）。

（7）加强明暗关系，塑造体积感（图3-50）。

图 3-49　塑造家具形体

视频：平角透视空间
网格画法

图 3-50　深入刻画细节，增强明暗对比

四、室内空间平角透视效果图案例

（1）运用平角透视原理，大致画出内墙体宽和高，然后定好视平线和灭点（图3-51）。

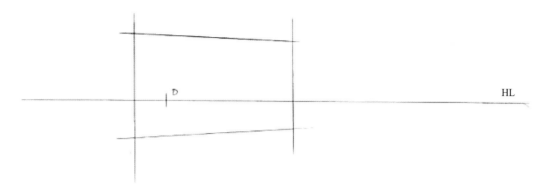

图3-51　绘制基准面，确定视平线

（2）在第一步的基础上，画出里面空间的最外边及其他（图3-52）。

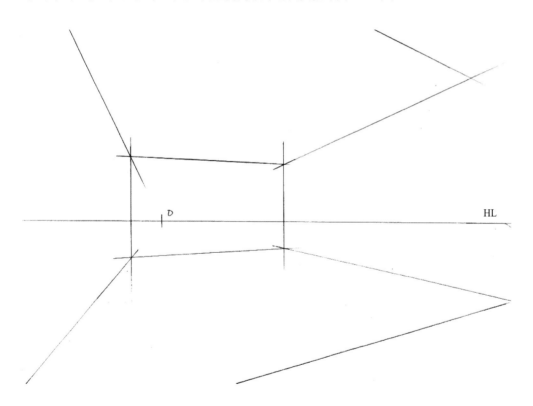

图3-52　绘制其他墙体

（3）找出空间各个面的中线位置进行等分（图3-53）。

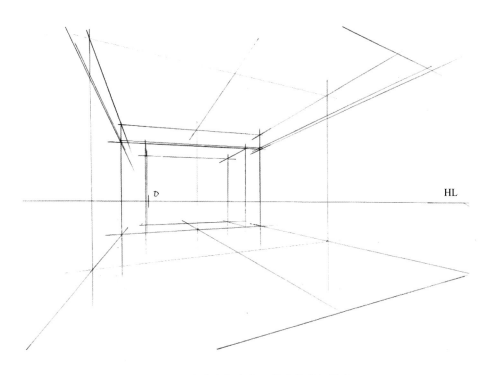

图 3-53　找出空间各个面的中线进行等分

（4）根据空间等分后小尺度地在地面上找投影位置（图 3-54）。

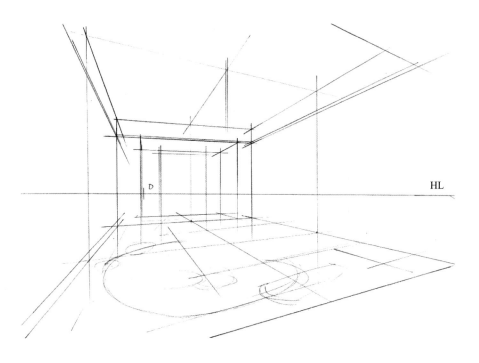

图 3-54　绘制家具地面投影

（5）用铅笔大概画出地面阴影拉起的各个家具及灯饰、配饰的形体（图 3-55）。

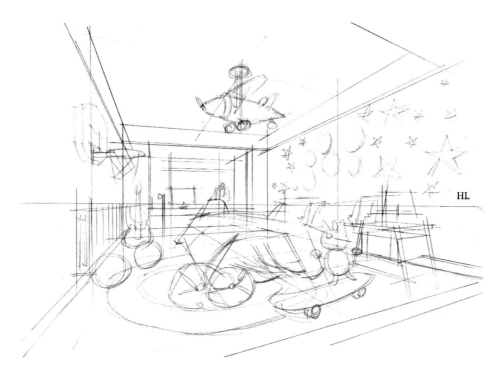

图 3-55　绘制家具造型

（6）用针管笔在铅笔稿的基础上勾勒墨线，注意适当在铅笔稿的基础上进行修改和调整，然后擦除铅笔稿（图 3-56）。

图 3-56　用勾线笔细致勾线

（7）添加明暗关系后完成线稿图（图 3-57）。

图 3-57 添加阴影完成

⊙ **任务小结** ··⊙

平角透视的特点如下。

（1）透视基面向侧点变化消失，画面中除消失中心点外还有一个消失侧点。

（2）所有垂直线与画面垂直，水平线向侧点消失，纵深线向中心点消失。

（3）画面形式相比平行透视更活泼，更具表现力。

（4）缺点：若角度掌握不好，会有一定的变形。

注意事项：一点斜透视在室内效果图表现中视平线定得不宜过高，画面内的灭点不要在"一侧"，不要在中心，否则会产生错误的效果。

室内空间平角透视效果图案例如图 3-58～图 3-63 所示。

图 3-58　客厅平角透视效果图线稿（一）

图 3-59　客厅平角透视效果图线稿（二）

图 3-60 卧室平角透视效果图线稿（一）

图 3-61 卧室平角透视效果图线稿（二）

图 3-62　卧室平角透视效果图线稿（三）

图 3-63　餐厅平角透视效果图线稿

◎ 任务训练 ··◎

1. 按照步骤临摹室内空间平角透视效果图。

2. 查找一些室内空间平角透视效果图线稿，不少于 3 张。

任务四　室内透视与空间构图表现

任务目标

1. 掌握构图的基本规律。
2. 掌握线稿的整体画面空间处理技巧。

任务描述

学习视平线高度变化对所表达的景物透视的形象的影响，学习室内表现图画面的透视角度选择的技巧。

任务知识点

一、整体画面空间的处理技巧

1. 主次关系

绘画与音乐具有相同的创作原理，一首歌曲有抑有扬，有高潮有铺垫，绘制表现图也讲究画面的主次关系，哪些部分要作为重点来表现，哪些可以一笔带过，这些问题要结合设计的要求来分析，设计中的重点也是表现图中的重点，应当重点刻画，而其他的部分应点到为止，以突出重点。如果画面的每个部分都面面俱到，重点部分就不再突出，画面看起来就比较平淡或繁乱。解决画面主次问题应该注意以下两个方面。

（1）进行画面构图时应该把设计的重点放到主要的位置，有目的地选择透视视点和角度。

（2）注意画面的虚实关系，对重点部分加以强调。例如，如果顶棚是重点，应相对减弱对地面或墙面的刻画；反过来，如地面、墙面是重点，应相对减弱对顶棚的刻画。

2. 虚实关系

由于空气中有很多种阻碍光线的微粒，所以随着天气的变化，人们的视觉"能见度"是不同的，空气并不是完全透明的，处于空间中的物体会产生近处清晰，远处模糊；近处明亮，远处灰暗等现象。在表现图中，物体与物体、物体与背景之间的关系要利用人为的表现手法来表现。如家具要深入刻画，表现强烈明显的效果，远处的窗景只起点缀作用，表现虚淡的效果；某些画面中的中景为实，前景与后景为虚；对物体的受光面要重点刻画，对背光面的刻画不宜过多，这样既能表现光感，又能体现空间的虚实。

二、构图技巧

在构图上可采用画面中间紧、四边松的原则，重点为画面的中间部分，做到精摹细琢，使其成为画面的视觉中心，在周围部分则强调放松，如此松紧变化有序，可以更好地突出重点，使画面更具有艺术性。

1. 视平线高度的影响和选择

视平线高低的变化对表达景物透视的形象影响很大，视平线位置可分为低、中、高三个层面。精心设置视点位置，能进一步突出画面的表现重点。

（1）低视点的设置通常是为了展现空间的高大，凸显顶棚及共享空间等效果，比较适合复式家居空间与大堂空间的表现（图3-64）。低视点的特点：压缩地坪的空间表现，使放置在地面上的家具重叠，减少许多重复部分，如复式空间客厅的餐桌表面、卧室床头柜等。

图 3-64　低视点家居空间表现

（2）中视点的设置是为了追求画面表现的平衡与稳重，表现较多的场景是办公空间、餐饮空间。中视点的特点：顶、地空间等量展开，使画面的上下均衡效果突出，便于画面的掌控与表现（图3-65）。

图 3-65　中视点办公空间表现

（3）高视点的设置可表现出地面布置的丰富内容和空间层次，是低视点的反向效果（图3-66）。

2. 视轴线的定位

视轴线与视平线相交产生视点位置，在平行透视中，视轴线的自由活动被控制在正立面范围内，一般有居中、偏左（右）的视轴设置。选择不同的视轴设置是为了凸显左、右墙面上的内容与主题，通常视轴线的位置根据平面布置的情况确定。

图3-67所示为中视轴效果，双侧墙面描绘均衡。

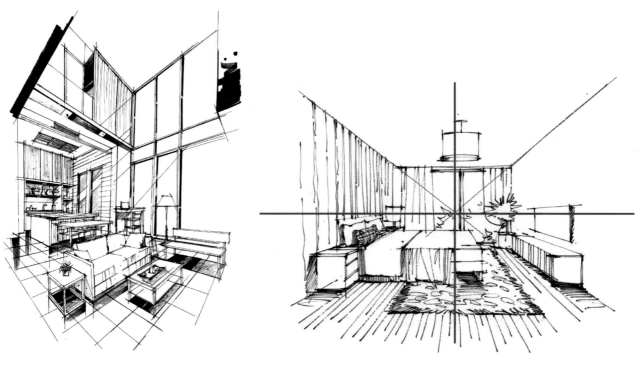

图 3-66　高视点家居空间表现　　　　　　　　　　　图 3-67　中视轴效果

图3-68、图3-69所示为单向偏移视轴效果，重点刻画画面中一侧墙体的表现。

图 3-68　右侧视轴效果

图3-69　左侧视轴效果

　　设计的内容和要求及空间形态的特征是室内外表现图画面的透视角度的选择依据，角度选择得当能够突出重点，清楚地表达设计构思，又能在艺术构图方面避免单调。从不同的角度观看同一空间的布置，会因为观看角度的不同产生完全不同的效果。因此，在正式作画之前，应从多个角度或视点，画多幅小草稿，从中选择最佳画成正式稿。

◎ 任务小结

　　1.画面处理技巧：

　　（1）强调主次关系，重点突出；

　　（2）强调虚实关系，近实远虚。

　　2.空间构图技巧：

　　（1）画面构图讲究疏密有致，虚实恰当。在中国画的构图中有"密不透风，疏可走马"的说法，在手绘当中同样适用。

　　（2）主要物体的位置一般在画面偏左或偏右，高度往上或往下，显得画面构图变化多样。

◎ 任务训练

　　1.收集低、中、高三种不同视点的室内空间照片，进行空间透视表现练习。

　　2.收集视轴线定位偏左、中、偏右三种不同的室内空间照片，进行空间透视表现练习。

项目四 室内空间色彩表现

项目导学

　　色彩表现效果能直接影响人的情绪和情感。暖色调给人温暖、兴奋、热烈的感觉；冷色调给人整洁、淡雅、凉爽的感觉。明朗的色调使人愉快、轻松；灰暗的色调使人宁静、沉稳。

　　（1）马克笔是目前手绘表现的主要上色工具，讲究快、准、稳三要点。作为一名优秀的室内设计师，要充分把握客户的需求和画面的重点，突出"以人为本"的设计理念，力求用感性、严谨的上色技法，从最好的角度表现设计构思和设计创意，从而再现场景空间的艺术效果。

　　（2）深入挖掘中国传统色彩的精髓，有效融入室内空间，设计出符合民族文化背景与大众审美的室内空间。

任务一　马克笔技法与材质表现

任务目标

1. 掌握马克笔线条运用和笔触技法。
2. 掌握马克笔基础体块表现方法。
3. 熟练运用马克笔表现不同材质的质感。
4. 提高手绘造型能力和马克笔上色表现力。

任务描述

熟练运用马克笔笔触技法，完成基础体块表现和不同材质的质感表现。

▶ 任务知识点

马克笔色彩丰富、着色简便、笔触清晰、种类繁多，表现力极强。要想熟练使用马克笔，首先要对马克笔的特性及笔法有基本的了解。马克笔的笔尖一般分为粗细、方圆几种类型。绘制表现图时，可以通过灵活转换角度和倾斜度画出粗细不同的线条与笔触。

一、马克笔线条运用和笔触技法

1. 马克笔线条基本运用

要求：线条平滑、完整，无节点，无波浪起伏。线条颜色均匀，无须叠加。

技巧：手腕锁紧不动，笔头不要离开画面纸张，眼睛提前看到线条终点位置，快速运笔。

（1）方笔头一般用来大面积润色，线条清晰工整，边缘线明显（图4-1）。

图4-1　方笔头笔触

（2）提笔稍高可以让线条变细（图4-2）。

图4-2　提笔笔触

（3）侧锋可以画出纤细的线条，力度大，线条粗（图4-3）。

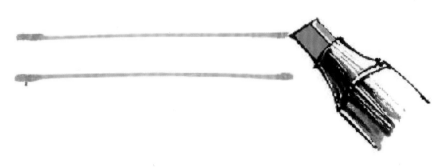

图4-3　侧锋笔触

（4）圆笔头用于表现细节，能画出很细的线，力度大，线条粗（图4-4）。

图4-4　圆笔头笔触

2. 马克笔笔触技法

（1）马克笔初级技法。

①并置（平移）法。运用马克笔并列排出线条。用笔头压住纸面，快速、果断地画，做渐变可以产生虚实变化，使画面透气生动。主要用来铺大块面及色调（图4-5）。

②重叠法。运用马克笔组合同类色彩，排出线条（图4-6）。

③叠彩法。运用马克笔组合不同的色彩，形成色彩变化，排出线条（图4-7）。

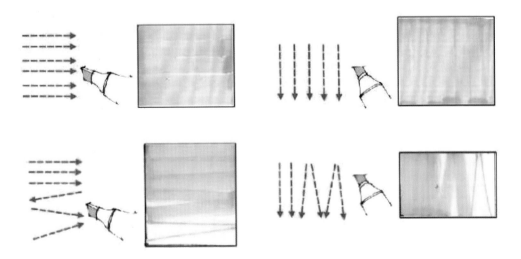

图4-5　马克笔并置（平移）法

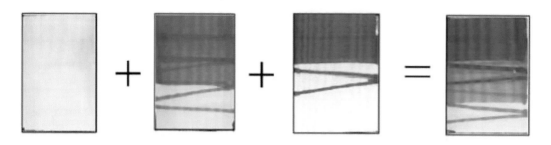

图 4-6　马克笔重叠法

图 4-7　马克笔叠彩法

（2）马克笔高级技法（图 4-8）。

①扫笔法。在运笔的同时，快速地抬起笔，用笔触留下一段自然的过渡，类似于书法里的"飞白"，此技法多适用于浅色。

②斜推法。通过调整笔头的斜度来产生不同的宽度和斜度。

③蹭笔法。用马克笔快速地来回蹭出一个面，使画面质感过渡更加柔和。

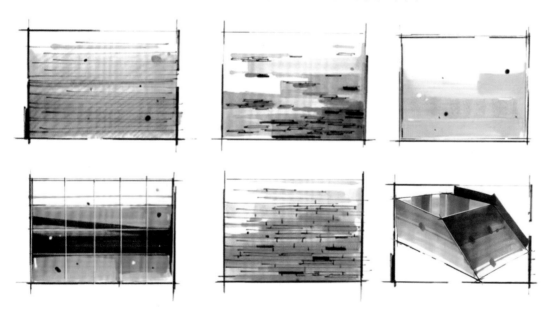

图 4-8　马克笔高级技法

二、马克笔基础体块表现

塑造几何单体的明暗关系、黑白灰关系是练习马克笔体块表现初期的常见方法。用笔颜色的轻重、笔触次数的叠加都直接影响画面的表达效果。几何体块的笔触按照透视变化排列，受光面、发光面可以留白，也可以扫一层淡色，暗部颜色可以丰富，结构线部分可以重点强调，使物体清晰明朗（图4-9、图4-10）。

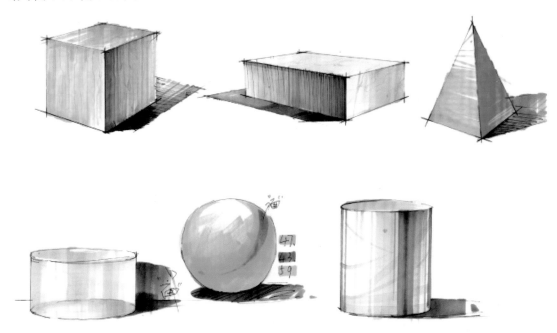

图4-9　马克笔基础体块表现

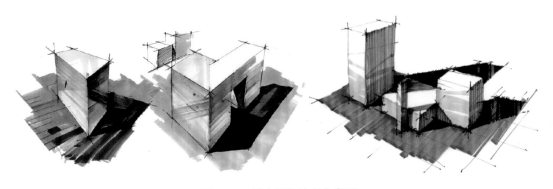

图4-10　马克笔体块组合表现

三、马克笔不同材质质感表现

常见的材质类型有木质，石材，砖材，玻璃镜面，金属，布艺、织物等。

1. 木质材质及其表现

木材装饰包括原木和仿木质装饰。由于肌理不同，木质材质的种类是多样的，仅是黑胡桃同类的木材色泽和纹理也不尽相同，有的是黑褐色，木纹呈波浪卷曲；有的如虎纹，色泽鲜明。具体作画时应注意木材的色泽和纹理特性，以提高画面真实感（图4-11）。

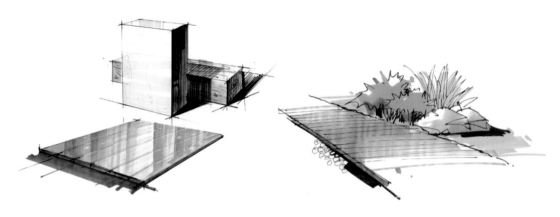

图 4-11 木质材质表现

2. 石材、砖材材质及其表现

石材表现光洁平滑，质地坚硬，色彩变化丰富。室内空间中使用的石材，大多是大理石、花岗石及瓷砖，每种材质都有它独特的纹理效果，要根据材料的本身性质来表现（图 4-12）。

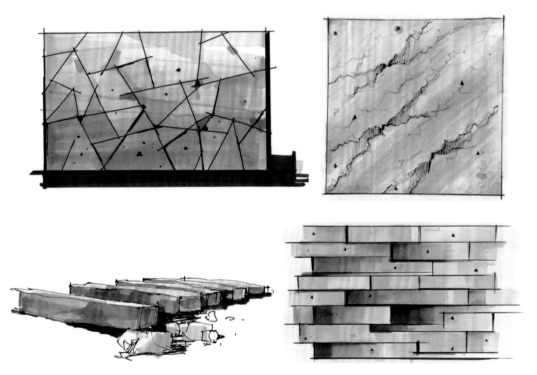

图 4-12 石材、砖材材质表现

3. 玻璃镜面材质及其表现

玻璃有透明清玻璃、半透明镀膜和不透明镜面玻璃三种（图 4-13）。

（1）在表现透明清玻璃时，先把玻璃后的物体刻画出来，然后将玻璃后的物体用灰色降低纯度，最后淡淡涂出玻璃自身的浅绿色和因受反光影响而产生的环境色。

（2）半透明镀膜玻璃在表现的过程中除体现通透的感觉外，还要注意镜面的反光效果。

（3）不透明镜面玻璃表现应注重环境色彩和环境物体的映射关系，但在表现镜面映射影像时需要把握好"度"，刻画不能过于真实，否则画面会缺乏整体感。

图 4-13 玻璃镜面材质表现

4. 金属材质及其表现

金属材料的基本形状为平板、球体、圆管与方管，受各种光源影响，受光面明暗的强弱反差极大，并具有闪烁变幻的动感，刻画用笔不可太死，退晕笔触和枯笔快擦有一定的效果。背光面的反光也极为明显，要特别注意物体转折处、明暗交界线和高光的夸张处理（图 4-14）。

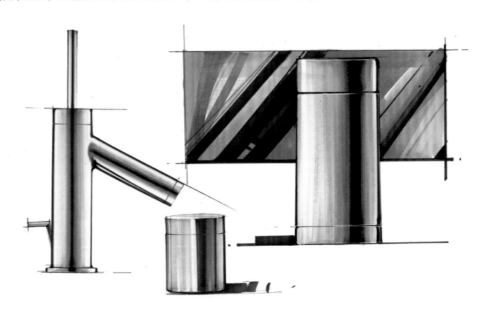

图 4-14 金属材质表现

5. 布艺、织物材质及其表现

织物类型主要有地毯、窗帘、桌布、床单、抱枕等。织物色彩缤纷、质地柔软，在具体装饰中可使室内空间丰富多彩，氛围亲切、自然（图 4-15）。

不同的材质用笔应有变化，以体现织物华贵、朴素等不同的感觉。在画面中可运用轻松、活泼的笔触表现柔软的质感，纺材效果表现富有艺术感染力和视觉冲击力，能调节空间色彩与场所气氛。

视频：马克笔线条运用
与笔触技法

图 4-15　布艺、织物材质表现

◉ 任务小结

1.马克笔上色要诀：快、准、稳，运笔快；起笔收笔与所画物体结构对齐；握笔要稳。

2.马克笔初级技法：并置（平移）法、重叠法、叠彩法。

3.马克笔高级技法：扫笔法、斜推法、蹭笔法。

◉ 任务训练

1.完成马克笔笔触技法练习（A4 幅面 1 张）。

2.完成马克笔基础体块表现练习（A4 幅面 2 张）。

3.完成马克笔不同材质质感表现练习（A4 幅面各 1 张）。

任务二　室内陈设单体上色表现

任务目标

1. 掌握室内各种陈设单体上色的表现方法。
2. 熟练运用色彩表现陈设单体的质感。
3. 提高学生手绘造型能力和色彩表现力。

任务描述

运用马克笔完成各种柜体、椅子、沙发、灯具、布艺织物、绿植、其他装饰品等室内陈设单体的上色表现。

▸ 任务知识点

色彩是为形体服务的。运用马克笔的特性，让色彩具有说服力和表现力，让形体真正地在画面上凸显出来。

一、柜体类家具的单体上色表现

1. 茶几的单体上色步骤

（1）使用木色系马克笔铺大色调，简单概括光影、色彩关系（图4-16）。

（2）强化光影关系，使用暖灰色马克笔加重茶几的暗部。注意区分三个转折面的黑白灰关系（图4-17）。

（3）深入刻画细节，加重投影部分，对一些装饰物件、绿植着色（图4-18）。

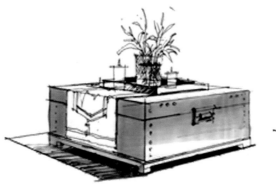

图4-16　铺大色调　　　　　　　　　图4-17　强化光影关系

图4-18　深入刻画细节

2. 电视柜的单体上色步骤

（1）绘制电视柜的灰面和暗面，注意明暗交界线到暗面的过渡（图4-19）。

（2）用垂直、粗细不同的笔触绘制亮面的光滑质感，加强暗面（图4-20）。

（3）刻画投影与细节，注意投影离物体近的地方色彩重（图4-21）。

图4-19　铺出灰面和暗面

图4-20　表现材质

图4-21　刻画细节

3. 柜体类家具的单体上色范例

柜体类家具的单体上色范例如图4-22～图4-24所示。

图 4-22　柜体类家具的单体上色案例（一）

图 4-23　柜体类家具的单体上色案例（二）

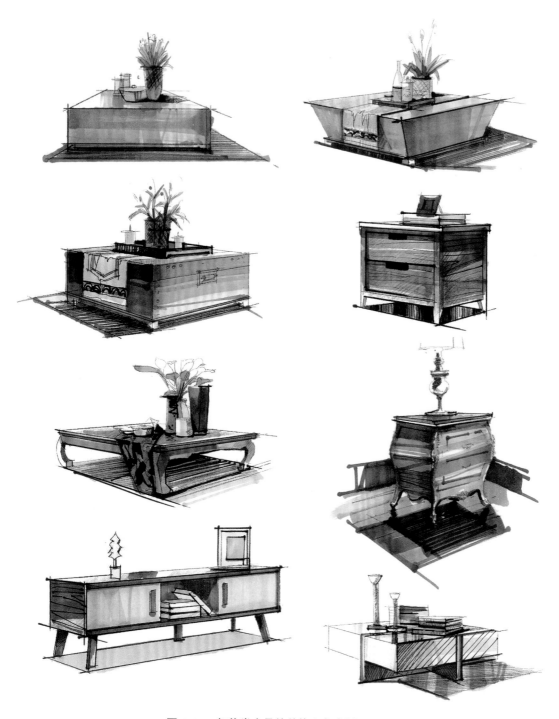

图 4-24 柜体类家具的单体上色案例（三）

二、椅子、沙发的单体上色表现

1. 椅子的单体上色步骤

（1）准备好线稿，使用浅色系马克笔铺大色调，简单概括光影、色彩关系（图 4-25、图 4-26）。

（2）强化光影关系，使用暖色马克笔加重暗部、底部阴影，注意区分转折面的黑白灰关系（图4-27）。

（3）深入刻画细节，加重投影部分，对抱枕着色（图4-28）。

图4-25　准备线稿

图4-26　铺大色调

图4-27　强化光影关系

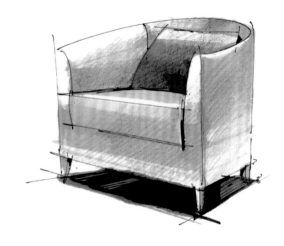

图4-28　刻画细节

2.办公椅的单体上色步骤

（1）用冷灰色画出椅子的基本色彩，要以笔触为主（图4-29）。

（2）进一步刻画椅子的层次，用冷灰色进行叠加（图4-30）。

（3）用暖灰色画出椅子扶手和椅子腿的金属质感效果，注意留白（图4-31）。

（4）用暖灰色画出地面阴影效果，金属部分的高光利用修正液点缀，然后用黑色彩色铅笔画出椅子靠背的材质肌理效果（图4-32）。

图 4-29 铺基本色

图 4-30 叠加冷灰色

图 4-31 绘制扶手与椅子腿的色彩

图 4-32 深入刻画阴影

3. 沙发的单体上色步骤

（1）准备好线稿，欧式沙发细节比较多，适合局部上色（图 4-33、图 4-34）。

（2）用黄灰色对沙发的坐垫、扶手、靠背简单上色，装饰灰面及投影，用笔要放松（图 4-35）。

（3）深入刻画细节，强调暗面，刻画沙发大的暗面，用黄色点缀，强调转折与投影（图 4-36）。

图 4-33 准备线稿

图 4-34 平铺基础色

视频：欧式沙发上色表现

图 4-35　叠加色彩　　　　　　　　　　图 4-36　增加阴影

4. 椅子、沙发的单体上色范例

椅子、沙发的单体上色范例如图 4-37、图 4-38 所示。

图 4-37　椅子、沙发的单体上色范例（一）

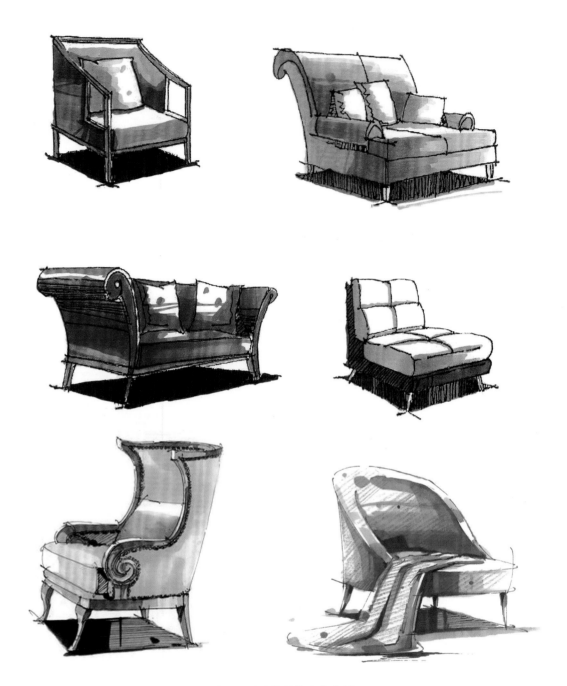

图 4-38　椅子、沙发的单体上色范例（二）

三、灯具的单体上色表现

灯具的单体上色（图 4-39）步骤如下。

（1）准备好线稿，画出灯具的底座，表现出暗面。

（2）用不同的笔触绘制出亮面的质感，加强暗面。

（3）深入刻画细节，强调灰面着色，用黄色表现灯光。

图 4-39 不同类型灯具上色表现

四、布艺织物的单体上色表现

布艺织物的单体上色要注意表现布艺织物的明暗变化及体积厚度，有了厚度，才能画出物体的体积感。形体之间用色要敢于留白，颜色要有过渡变化，笔触排列和秩序统一（图 4-40~图 4-43）。

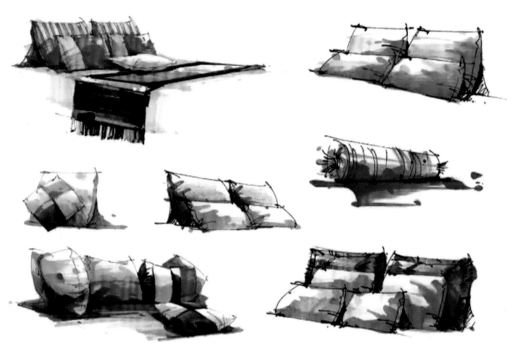

图 4-40　抱枕的单体上色表现（一）

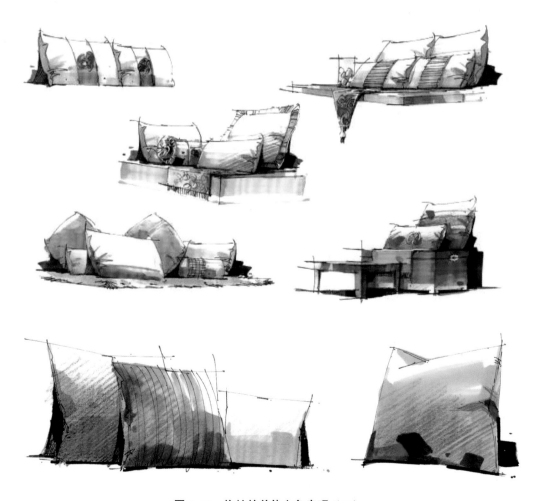

图 4-41　抱枕的单体上色表现（二）

图 4-42　布艺玩具的单体上色表现

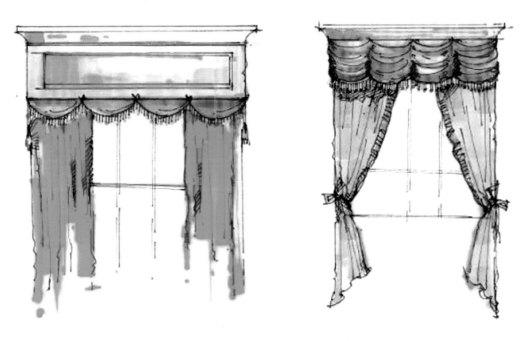

图 4-43　窗帘的单体上色表现

五、绿植的单体上色表现

（1）绿植的单体上色步骤。

①画出绿色植物叶片的固有色，并适当加重暗部，凸显画面的体积感、空间感（图4-44）。

②刻画近景花卉的颜色，用高光笔点缀刻画局部细节（图4-45）。

③适当加重花器的暗部、地面上的投影（图4-46）。

④调整并完善画面，完成绘制（图4-47）。

图 4-44　平铺固有色

图 4-45　刻画近景花卉

图 4-46　加重暗部

图 4-47　调整细节

（2）不同绿植的单体上色范例如图4-48、图4-49所示。

图 4-48 不同绿植的单体上色范例（一）

图 4-49 不同绿植的单体上色范例（二）

六、其他装饰品的单体上色表现

其他装饰品的单体上色步骤：确定光源方向，绘制阴影及暗部；确定明暗交界线，推向暗部刻画；刻画亮部及细节；整体刻画，完善细节（图 4-50、图 4-51）。

图 4-50 装饰工艺品的单体上色表现（一）

图 4-51 装饰工艺品的单体上色表现（二）

◉ 任务小结

1.柜体类家具的单体上色步骤。

2.椅子、沙发的单体上色步骤。

3.灯具的单体上色步骤。

◉ 任务训练

完成室内各种柜体、椅子、沙发、灯具、布艺织物、绿植、其他装饰品等陈设单体的上色作品（A4幅面各2张）。

任务三　室内陈设组合上色表现

任务目标

1. 掌握室内各种陈设组合上色的表现方法。
2. 熟练运用色彩表现陈设组合的质感。
3. 提高学生手绘造型能力和色彩表现力。

任务描述

运用马克笔完成沙发组合、床体组合、其他陈设组合等室内陈设组合的上色表现。

任务知识点

室内陈设组合上色，重点要强化光影变化，注意区分物体转折面的黑白灰关系。布色可以整体刻画，也可以局部刻画，局部刻画多以中心点开始。

一、沙发组合上色表现

1. 沙发组合上色步骤

（1）确定光源方向，使用主色调大面积铺色，注意转折面处理，概括光影、色彩关系（图4-52）。

图4-52　绘制家具主色调

（2）加入环境色，用轻快笔触表现植物和抱枕的质感，加强画面的明暗及色彩的对比，强化物体的材质及投影（图4-53）。

图 4-53 增加环境色

（3）深入刻画细节和组合关系，强化材质的光影关系和虚实关系，使画面整体统一、和谐（图4-54）。

视频：沙发组合上色表现

图 4-54 刻画细节，增加明暗对比

2. 沙发组合上色范例

沙发组合上色范例如图 4-55～图 4-57 所示。

图 4-55　沙发组合上色范例（一）

图 4-56 沙发组合上色范例（二）

图 4-57　沙发组合上色范例（三）

二、床体组合上色表现

1.床体组合上色步骤

（1）绘制出床体的线稿，注意要将结构交代清楚（图 4-58）。

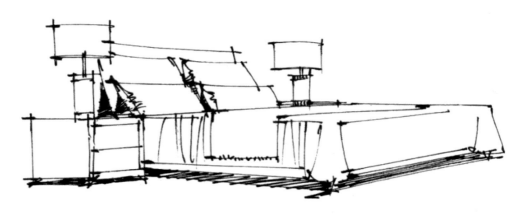

图 4-58　绘制床体线稿

（2）选择偏黄的灰色马克笔（26 号）画出床单的布褶效果，注意笔触要按照线稿线条的方向运笔，然后用木色马克笔（95 号）画出床头柜的固有色，笔触要整齐（图 4-59）。

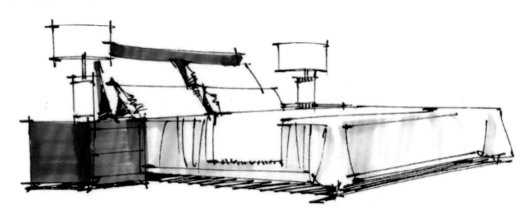

图 4-59　绘制床单褶皱与床头柜色彩

（3）用 104 号马克笔快速扫笔，画出床布褶的层次，然后用暖灰色（WG4）画出地面阴影（图 4-60）。

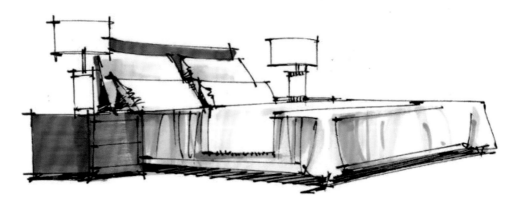

图 4-60　增加布褶层次与地面投影

（4）用暖灰色（WG3）画出床单的暗面效果，然后用马克笔（92 号）画出床头柜的暗部和阴影，接着利用土黄色彩色铅笔画出台灯的灯光（图 4-61）。

图 4-61 增加暗面效果与灯光效果

2. 床体组合上色范例

床体组合上色范例如图 4-62 所示。

图 4-62 床体组合上色范例

图4-62　床体组合上色范例（续）

三、桌椅陈设组合上色表现

1. 桌椅陈设组合上色步骤

（1）确定光源方向，画餐桌与餐椅的基础色（图4-63）。

（2）确定明暗交界线，推向暗部刻画，并将投影平铺灰色（图4-64）。

（3）整体刻画，增强明暗对比，完善整体细节（图4-65）。

图 4-63　平铺基础色

图 4-64　增加暗部对比

视频：桌椅组合上色表现

图 4-65　完善细节

2. 桌椅陈设组合上色范例

桌椅陈设组合上色范例如图 4-66、图 4-67 所示。

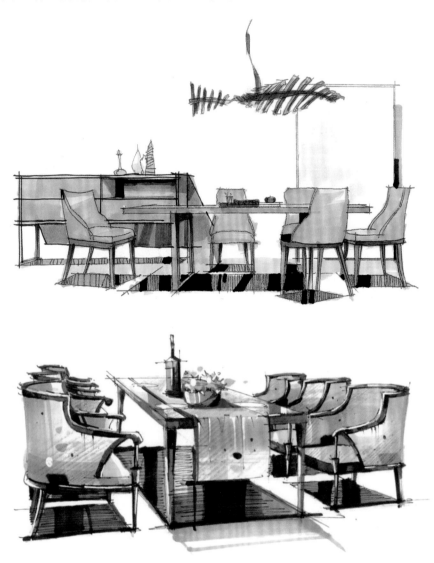

图 4-66　桌椅陈设组合上色范例（一）

图 4-67　桌椅陈设组合上色范例（二）

图 4-67　桌椅陈设组合上色范例（二）（续）

四、其他陈设组合上色案例（图 4-68）

图 4-68　其他陈设组合上色范例

图 4-68　其他陈设组合上色范例（续）

◉ **任务小结** ··· ◎

1.沙发组合上色步骤。

2.床体组合上色步骤。

3.其他陈设组合上色步骤。

◉ **任务训练** ··· ◎

完成室内沙发组合、床体组合、其他陈设组合的上色作品（A4 幅面各 2 张）。

任务四　室内空间马克笔效果图表现

任务目标

1.掌握室内空间上色的表现方法。

2.熟练运用色彩表现室内空间的整体氛围。

3.提高学生手绘造型能力和色彩表现力。

任务描述

运用马克笔完成客厅空间、卧室空间、书房空间等室内空间的上色表现。

任务知识点

在室内空间表现中，除了要把握空间尺度、透视关系的准确性外，还需要表现室内家具用品、陈设配饰及植物小品等各种要素。空间着色前要考虑质感色彩受光照后产生的变化；根据色调要求逐步完成从近景到远景、主次分明的基本色彩刻画；着色后根据画面需要进行整体调整，对主要物体进行深入细致的刻画，调整细节与画面的关系。

一、客厅空间上色表现

1.客厅空间上色步骤

（1）准备好线稿，确定光源方向，使用木色主色调大面积铺色，沙发用冷灰色，地面用暖灰色，注意转折面处理，概括光影、色彩关系（图4-69、图4-70）。

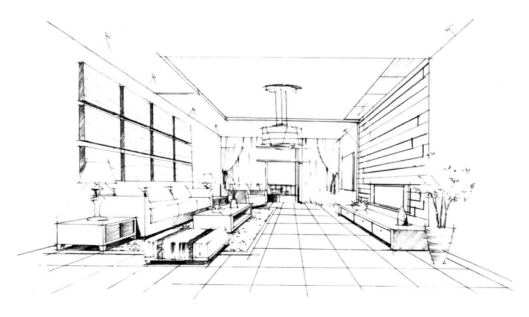

图4-69　准备线稿

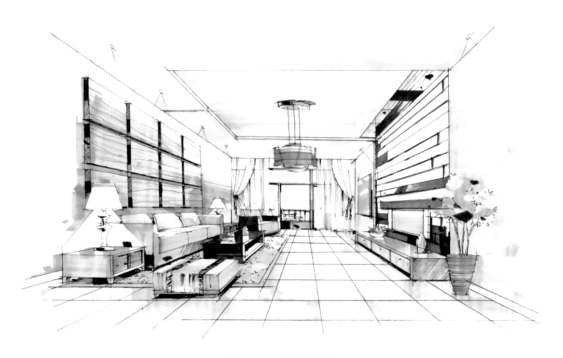

图 4-70　确定主色调

（2）塑造空间，画出暗部。墙面、顶面大面积铺色，加强画面的明暗及色彩的对比，处理好地面的反光位置（图 4-71）。

图 4-71　塑造空间，画出暗部

（3）进一步刻画细节和组合关系，加重颜色，增强画面的视觉冲击力（图4-72）。

图 4-72　刻画细节，加重颜色

（4）丰富画面色彩，加入灯光效果，用彩色铅笔过渡马克笔笔触，亮光位置提白，使画面整体统一、和谐（图4-73）。

图 4-73　丰富画面色彩，加入灯光效果

2. 客厅空间上色范例

客厅空间上色范例如图 4-74 ~ 图 4-77 所示。

图 4-74　客厅空间上色范例（一）

图 4-75　客厅空间上色范例（二）

图 4-76　客厅空间上色范例（三）

图 4-77　客厅空间上色范例（四）

二、卧室空间上色表现

1.卧室空间上色步骤

（1）准备好线稿，确定光源方向，地面使用木色调大面积铺地板，床体、沙发用粉色，注意转折面处理，简单概括光影、色彩关系（图4-78、图4-79）。

图 4-78 准备线稿

图 4-79 确定主色调，平铺色彩

（2）墙面、顶面大面积铺色，画出暗部。加强画面的明暗及色彩的对比，运笔要有变化，处理好材质的质感表现（图4-80）。

图4-80 墙面、顶面铺色

（3）深入刻画细节，加重投影部分，强化地毯的质感效果（图4-81）。

图4-81 强化地毯的质感效果

（4）用彩色铅笔丰富画面，高光处提白，使画面整体统一、和谐（图4-82）。

图4-82　调整整体效果

2. 卧室空间上色范例

卧室空间上色范例如图4-83~图4-86所示。

图4-83　卧室空间上色范例（一）

图 4-84　卧室空间上色范例（二）

图 4-85　卧室空间上色范例（三）

图 4-86 卧室空间上色范例（四）

三、室内其他空间上色表现

1. 棋牌室空间上色步骤

（1）明确大概色调及材质区分，用浅一点的笔将主要色调画出，可以平涂，但需要留白，不能满涂（图 4-87）。

图 4-87 确定主色调

（2）墙面颜色用暖灰色呼应，切记一定要用浅一点的灰色（图4-88）。

图4-88 墙面用暖灰色呼应

（3）进行中间色调的过渡和家具的细化刻画，此步骤不宜使用过重颜色（图4-89）。

图4-89 细致刻画家具

（4）调整画面，完善细节（图4-90）。

图4-90 调整画面，完善细节

2. 其他空间上色范例

其他空间上色范例如图4-91～图4-93所示。

图4-91 书房空间上色范例

图 4-92 会客厅空间上色范例

视频：棋牌室效果图
上色表现

图 4-93 卫生间空间上色范例

◉ **任务小结** ·· ◎

    1.客厅空间上色步骤。

    2.卧室空间上色步骤。

    3.室内其他空间上色步骤。

◉ **任务训练** ·· ◎

    完成室内客厅空间、卧室空间、其他空间的上色作品（A4幅面各2张）。

项目五 室内空间项目设计表现

项目导学

　　手绘效果图以丰富的艺术形式和复杂、准确、合理的工程技术性赋予手绘表现独有的魅力和独特的艺术感染力。进行手绘效果图创作，要遵循人体工程尺寸、硬装结构表现、材料质感运用、软装合理搭配、采光照明自然等原则，做到符合设计环境和客户要求，通过艺术的表达形式和技法去表现技术的美、技术的力量、人类的智慧，从中体会手绘的乐趣及展现个性。

任务一　现代简约风格空间设计与表现

任务目标

1. 了解现代简约风格的常用元素与特征。
2. 掌握马克笔表现方案设计的方法。
3. 掌握现代简约风格案例设计与空间表现的方法。

任务描述

熟悉现代简约风格特征与马克笔表现技法，完成以现代简约风格为主的完整家居方案设计。

任务实施

案例：某楼盘 92 m² 公寓设计手绘稿（以客餐厅与卧室为主）。

设计要求：以现代简约为主，整体空间具有柔和性、舒适性。

设计引导：以时尚元素为主，界面设计尽可能简约大气，同时具有细节上的体现，通过家具的选择和装饰增加空间的舒适性。

色彩考虑：白色（主色调，占 60%）、原木色（主体色，占 25%）、黑色及绿色（点缀色，占 15%）。

设计作品如图 5-1 所示。

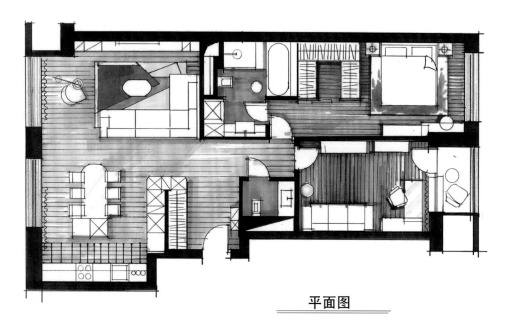

平面图

图 5-1　平面布置图

本案例中设计师舍弃了踢脚线，在家具和装饰里引入原木材以增加空间的舒适性，并在各个小角落利用圆形设计保证整体的柔和度（图 5-2）。

客餐厅效果图

图 5-2 客餐厅效果图

客厅和餐厅、厨房融为一体，设计者利用家具对这些空间进行清晰的划分，包括运用瓷砖和木板作为分界点来隔开厨房和餐厅，这样既有条理，也富有设计感（图 5-2）。

主卧的背景墙用装饰板和木板作为拼接，宽和窄的对比彰显独特个性（图 5-3）。

卧室效果图

图 5-3 卧室效果图

现代简约风格方案设计整体版面图如图 5-4 所示。

平面图

客餐厅效果图

现代简约风格方案设计

卧室效果图

图 5-4 现代简约风格方案设计整体版面图

◉ 任务小结

1.现代简约风格起源于现代派的极简主义,现代简约风格就是简单而有品位,以简洁的表现形式来满足人们对空间环境的感性的、本能的和理性的需求。

2.在方案设计过程中需要注意功能的合理性,色彩整体且统一,平面图与效果图相互对应且具有说明性。

◉ 任务训练

以现代简约风格为主选取一个户型进行空间设计,并徒手快速表现出来,重点表现空间为客厅与卧室。

任务二 新中式风格空间设计与表现

任务目标

1. 了解新中式风格基本设计元素与特征。

2. 熟练表现整体方案的构思与设计方法。

3. 提高学生手绘造型能力和色彩表现力。

任务描述

熟悉新中式风格特征与马克笔表现技法，完成以新中式风格为主的完整家居方案设计。

任务实施

案例：某楼盘 143 m² 户型案例设计（以客厅与卧室为主）。

设计要求：将东方的哲美意涵与现代的时尚情调交织共映，在设计上多一些创想与新意，实现不同的生活意趣。

设计引导：汲取东方的和雅蕴涵，活用中式的古意与诗韵。

色彩考虑：米白（主色调，占 60%）、深木色（主体色，占 25%）、黑色与红色（点缀色，占 15%）。

设计作品如图 5-5 所示。

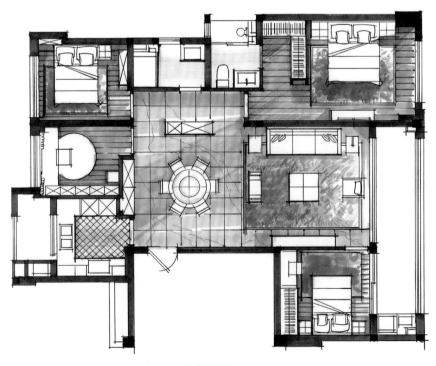

平面图

图 5-5　平面布置图

　　本案例中客厅空间源自深厚邈远的传统文化，从家具的形制、流线、色泽到墨枝斜逸、山掩人家的书法挂画，均镌刻着东方诗性的肌理，流露出自信大方的悠悠风骨。红叶花艺的点缀、绿植端景的映衬，为空间更添一抹明丽的神采，生气悠长（图 5-6）。

图 5-6　客厅效果图

　　主卧选用浅杏色为背景主色调，在木质、软包材料的拼接下，加入深蓝色点缀，画幅上松竹树枝旁逸斜出，增加了空间质感的丰富性（图 5-7）。

图 5-7　卧室效果图

新中式风格方案设计整体版面图如图 5-8 所示。

平面图

客厅效果图

卧室效果图

新中式风格方案设计

图 5-8　新中式风格方案设计整体版面图

◎ 任务小结

　　新中式风格沿袭了中国明清时期传统文化的尊贵和端庄，清雅与大气共生，含蓄与精致并存。新中式风格的室内空间设计多采用对称式布局，格调高雅，造型纯朴。新中式风格对中式经典元素加以提炼，并与现代风格及材质兼容并蓄，既体现出人们对东方精神的追求，又为家居文化注入新的气息。

◎ 任务训练

　　以新中式风格为主选取一个户型进行室内空间设计，并徒手快速表现出来，重点表现空间为客厅与卧室。

任务三　轻奢简欧风格空间设计与表现

任务目标

1. 了解轻奢简欧风格基本设计元素与特征。
2. 熟练表现整体方案的构思与设计方法。
3. 提高学生手绘造型能力和色彩表现力。

任务描述

熟悉轻奢简欧风格特征与马克笔表现技法，完成以欧式风格为主的完整家居方案设计。

任务实施

案例：某楼盘 225 m² 平层户型案例设计（以客餐厅与卧室为主）。

设计要求：要求有一个书房 / 多功能房和适当的休闲空间，温馨，空间布局合理工整，轻奢简欧风格最佳。

设计引导：设计时适当降低明度，利用色彩提升高级感，运用线条勾勒出轻奢简欧风格的气质，合理打造一个明快空间。

色彩考虑：奶白色（主色调，占 60%），浅棕色、墨绿色（主体色，占 25%），金色（点缀色，占 15%）。

设计作品如图 5-9 所示。

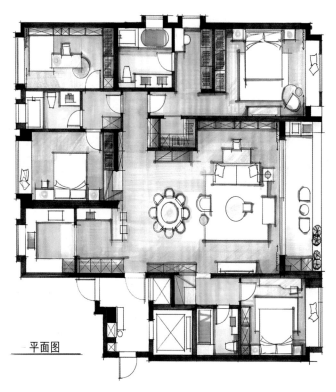

平面图

图 5-9　平面布置图

　　客餐厅空间以奶白色、浅棕色及金色相互衬托，以增加设计感，欧式线条搭配木饰面板，营造出强烈的视觉效果，超宽阳台落地窗采光充分，让整个客餐厅空间时刻保持明亮通透（图5-10）。

图5-10　客餐厅效果图

　　主卧室同样以白色为主色调，以金色点缀，床头墙面设计简约，石膏线条是墙面的点睛之笔，不同层次的线条继承了欧式风格，再搭配一对金色的壁挂灯，整个空间表现出对称的美感（图5-11）。

图5-11　主卧室效果图

　　女孩房采用白色搭配绿色的色彩设计，在直线方形交错融合的空间里，两个环形灯的出现为横平竖直的画面增添了不少生机，同时，搭配更多的艺术品来营造出年轻活力的生活氛围（图5-12）。

图 5-12　儿童房效果图

轻奢简欧风格方案设计整体版面图如图 5-13 所示。

图 5-13　轻奢简欧风格方案设计整体版面图

◉ 任务小结

　　轻奢简欧风格着重线形活动的改变，在空间上追求连续性，追求形体的变化和层次感。其色彩鲜艳，光影变化丰富。轻奢简欧风格大都是金碧辉煌，光彩夺目，这也是人们对轻奢简欧风格最基本的认识，其实轻奢简欧风格也有淡雅的一面。

◉ 任务训练

　　以轻奢简欧风格为主选取一个户型进行空间设计，并徒手快速表现出来，重点表现空间为客厅与卧室。

任务四 商业、办公空间设计与表现

任务目标

1. 掌握商业、办公空间方案设计的方法。
2. 会用线条、明暗、色彩、透视、质感等造型语言表现方案设计。
3. 提高快题设计与表现能力。

任务描述

进行商业、办公空间方案设计，做到空间布局功能合理，整体风格统一，体现趣味性与时尚性并完成相应的平面图、立面图与效果图。

▶ 任务实施

商业空间是一个相对庞大的概念，商业空间直接服务大众，一般可以划分为展示区域、服务区域与销售区域三大区域。每一空间、每一品种的功能要求各不相同，都是随着企业标准变动的，因此，设计表达的重点是对现有行业、商品的认知和理解，以便更加确切地把握设计与表达的主脉。设计前期必须扩大对商业知识的了解，掌握调研的一般方式与手段，善于捕捉信息，归纳重点，熟悉商业空间设计的一般流程，常见的零售形式有专营店与独立门店，其形式表现虽然可能千变万化，但只要服务意识不变，结构原理还是相近的。

一、专卖店空间设计与表现

1. 服装专卖店空间设计案例

服装专卖店空间设计是人们运用空间规划、平面布置、灯光色彩配置和视觉传达等手段营造一个富有艺术感染力和个性的展示环境，并且是有计划、有目的、合乎逻辑地将展示内容传递给顾客。

（1）功能分区：在设计主题空间时，首先要了解其基本的功能分区。它在平面布局上要包含的功能有展示区（对内、对外）、休闲区、试衣区、收银区、仓库、办公室等。

（2）在设计时要特别注意以下几个方面。

①卖场的色彩要统一：服装和装修色彩要很和谐地融为一体，让人一眼就能看出卖场的主色调。

②灯光的目的性：在服装专卖店中灯光起着关键的作用，特别在由模特进行单件展示的空间，一定要用射灯进行烘托。灯光的颜色要适当，蓝色的灯光给人冰凉、冷酷、迷幻的感觉（夏装），黄色的灯光给人温暖的感觉（冬装）。

③试衣间的设计：顾客做出买衣服的决定大多是在试衣间里，但很多店铺没有试衣间或试衣间很简陋，这都会影响顾客的购买决定。

④摆放货架时要留出行走空间：通道可分为主通道和副通道，形象背景板面对主入口或卖场主通道。

2.方案设计

服装专卖店作为一个展示商品的空间，展示区是最重要的功能区域，它通过不同的展示形式区分不同品类商品的特点，如陈列柜、展示柜、展示架、展板、衣架、人体模特等（图5-14）。

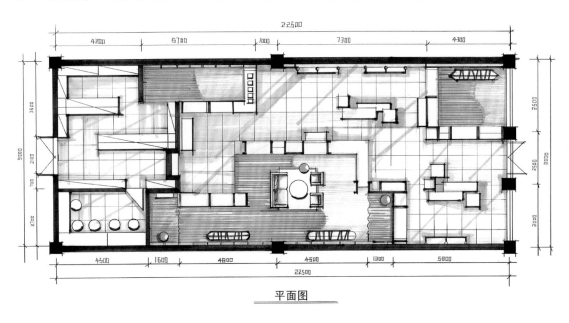

平面图

图5-14　服装专卖店平面图

对于服装专卖店及其他类型的专卖店，在进行立面手绘表达时，通常选择展示橱窗（模特展示）或收银台（形象背景墙）（图5-15、图5-16）。

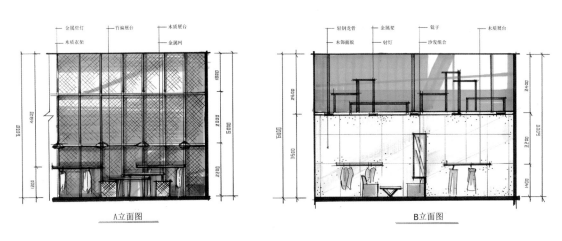

图5-15　服装专卖店立面图

图 5-16　服装专卖店效果图

服装专卖店方案设计整体版面图如图5-17所示。

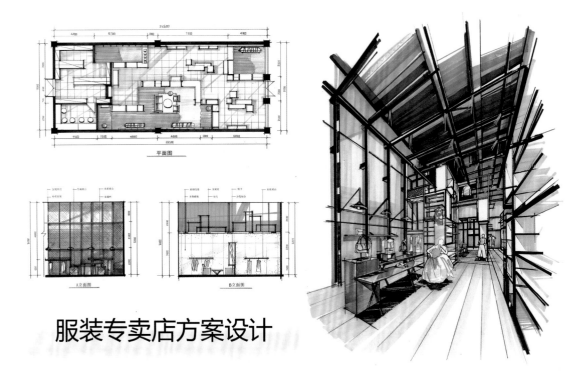

图5-17　服装专卖店方案设计整体版面图

（1）大标题一定要醒目，要能传达空间类型、设计风格等信息。

（2）整体画面要保证完整无遗漏、关系明确。效果图要能够与平面图对应，且表达清晰，画面前端刻画细致，空间纵深感强。

（3）平面图的比例正确、规范严谨，有一定设计感。其余立面图、分析图、设计说明等要按要求完成。

二、餐饮空间设计与表现

餐饮空间包括中餐厅、快餐消费、咖啡厅、奶茶店、酒吧、茶室等多种类型。餐饮空间设计方案注重空间的流动性、通透性与艺术性。

1. 餐饮空间的功能分析

（1）入口区域：在餐饮空间，入口区域起着非常重要的作用，需要有收银及供客人等待位置的功能。因此，前厅的空间尺度一定要符合人体工程学。

（2）用餐区：用餐区包括开放性、半开放性、私密性三种性质的空间。桌席区应该有良好的空间尺度和自然采光、通风的物理环境，可以选择一些绿化、小隔断划分不同的用餐区域，保证每个区域的相对独立性，减少互相干扰。

（3）中心视觉区：这个区域属于服务性较突出的空间，属于中心视觉区，可以将这个区域作为中轴线，在四周布置用餐区，使房间里的人可以欣赏到中心视觉区的景观及其他装置。

（4）制作区：制作区是餐饮空间的重要组成部分，主要功能是为加工制作食品、备餐、清洁餐具等提供环境（具体的空间布置不需要在平面图上全部展现）。

（5）办公区：它在餐饮空间中是比较重要的区域，包括员工休息室及仓库。

2. 方案设计（以奶茶店为例）

奶茶店方案设计如图 5-18～图 5-20 所示。

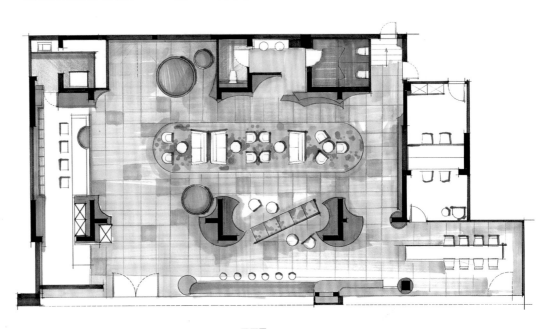

平面图

图 5-18　奶茶店平面图

外立面图

图 5-19　奶茶店外立面图

图 5-20　奶茶店效果图

奶茶店的色彩以奶色为主，空间以圆、圆柱的体量作为切割，诠释了奶酪造型在奶茶店空间设计中的运用。

3. 整体排版设计

奶茶店方案设计整体版面图如图 5-21 所示。

图 5-21　奶茶店方案设计整体版面图

三、办公空间设计与表现

在进行办公空间设计的时候要牢记六大原则，即开放性、舒适性、美观性、实用性、安全性、创意性。办公空间需要进行合理的布局，在保证空间最大化的前提下，充分利用空间。在整体开放性的基础上保持私密性，让整个空间更加灵活，满足开放性与私密性的平衡。也可以在室内空间中增加一些室内装饰。

1. 办公空间的功能分析

办公空间一般分成三个空间序列。第一个空间序列是前台、接待区、等候区、洽谈区；第二个空间序列是总体的办公空间，其中包括会议室、员工办公空间、茶水间、文印室等；第三个空间序列是总经理办公室、财务处。该序列的规律是由开放性空间逐渐向私密性空间过渡，越深入的空间私密性越强。在办公空间中需要注意的是总经理办公室设置在角落里并且空间要大、格局排场、采光好，财务室需要比较隐秘的空间，可以设置在总经理办公室的旁边。

前厅空间的主要功能是接待，因此一定要注意前厅空间的尺度。

办公空间也可分为大、中、小型办公区域。小型办公区域私密性好，可作为总监、总经理、财务人员的办公空间。中型办公区域的主要特点是其对外联系较方便，内部联系比较紧密，比较适合集体活动，适用于组团型办公方式。大型办公区域既有一定的独立性，又有较为密切的联系，各部分的分区相对灵活自由，适用于各个组团共同作业的办公方式。

2. 方案分析（以设计工作室为例）

设计工作室方案设计如图 5-22 ~ 图 5-25 所示。

平面图

图 5-22 设计工作室平面图

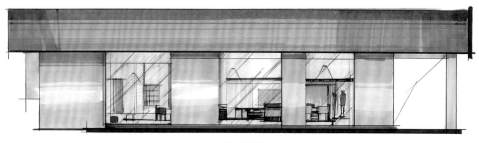

外立面图

图 5-23 设计工作室外立面图

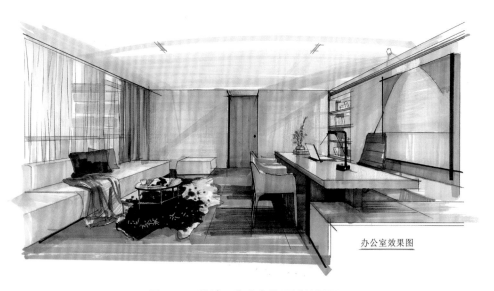

办公室效果图

图 5-24 设计工作室办公区域效果图

图 5-25 设计工作室洽谈区域效果图

办公空间立面分析图可以选择办公区为对象，也可以选择前台接待区为对象，还可以选择公司展示区为对象。

前台接待区立面图表现要点：背景墙可以与公司文化形象联系起来，也可以将公司 Logo 画出来。

办公区立面图表现要点：家具座椅的风格比较偏向现代风格，可以在墙面上做一些装饰，也可以摆放一些绿植，以丰富整个画面。

公司展示区立面图表现要点：选取放置公司展品的展示空间进行刻画。

3. 整体排版效果

办公空间方案设计整体版面图如图 5-26 所示。

图 5-26　办公空间方案设计整体版面图

◉ **任务小结** ⋯⋯⋯⋯⋯⋯⋯⋯⋯⋯⋯⋯⋯⋯⋯⋯⋯⋯⋯⋯⋯⋯⋯⋯⋯⋯⋯⋯⋯⋯⋯⋯ ◎

商业空间设计的类型有很多，整体的方案设计实施步骤为：构思（绘制草图、规划设计）—总平面图表现—透视图表现—分析图、立面图表现—组织文字说明—整体审查。

办公空间的设计类型一般包含办公室、会议室、事务所、设计工作室、接待处等。在进行办公空间设计的时候要充分考虑六个原则，即开放性、舒适性、美观性、实用性、安全性、创意性。

◉ **任务训练** ⋯⋯⋯⋯⋯⋯⋯⋯⋯⋯⋯⋯⋯⋯⋯⋯⋯⋯⋯⋯⋯⋯⋯⋯⋯⋯⋯⋯⋯⋯⋯⋯ ◎

完成专卖店空间、餐饮空间、办公空间方案设计各 1 张。

项目六 | 优秀手绘作品欣赏

一、住宅空间效果图

住宅空间效果图如图 6-1～图 6-9 所示。

图 6-1　客厅空间效果图（一）

图 6-2　客厅空间效果图（二）

图 6-3 客厅空间效果图（三）

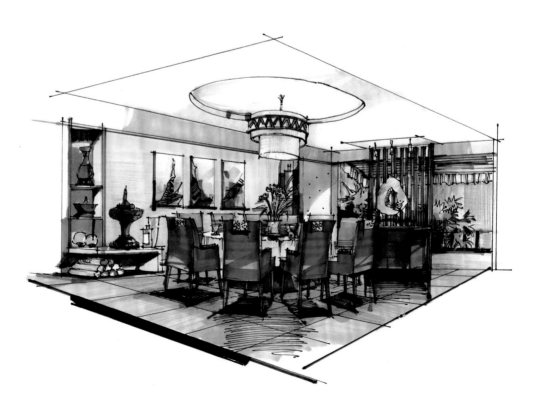

图 6-4 餐厅空间效果图（一）

图 6-5　餐厅空间效果图（二）

图 6-6　餐厅空间效果图（三）

图 6-7 卧室空间效果图（一）

图 6-8 卧室空间效果图（二）

图 6-9 卧室空间效果图（三）

二、公共空间效果图

公共空间效果图如图 6-10～图 6-18 所示。

图 6-10 餐饮空间效果图（一）

图 6-11 餐饮空间效果图（二）

图 6-12 餐饮空间效果图（三）

图 6-13 办公空间效果图（一）

图 6-14 办公空间效果图（二）

图 6-15 办公空间效果图（三）

图 6-16 展示空间效果图（一）

图 6-17　展示空间效果图（二）

图 6-18　展示空间效果图（三）

三、快题设计

　　快题设计如图 6-19～图 6-33 所示。

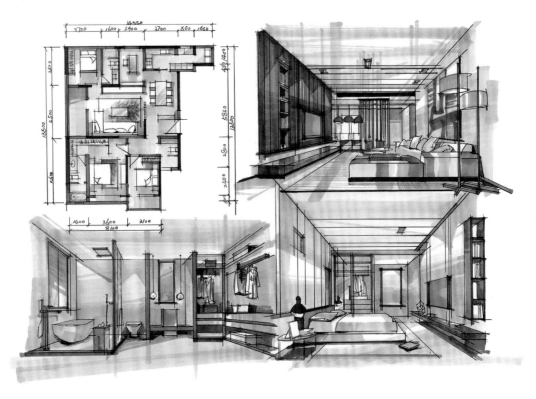

图 6-19　居住空间快题（一）

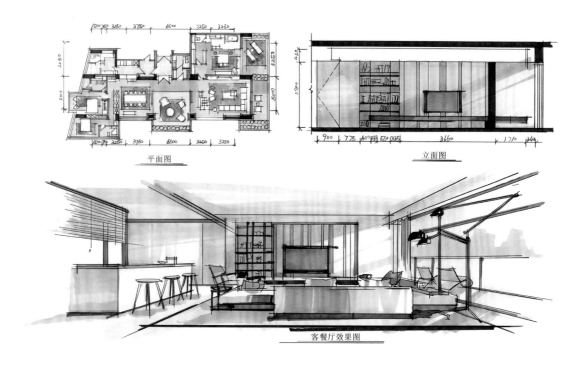

平面图　　　　　　　　　　　　　　立面图

客餐厅效果图

图 6-20　居住空间快题（二）

图 6-21　居住空间快题（三）

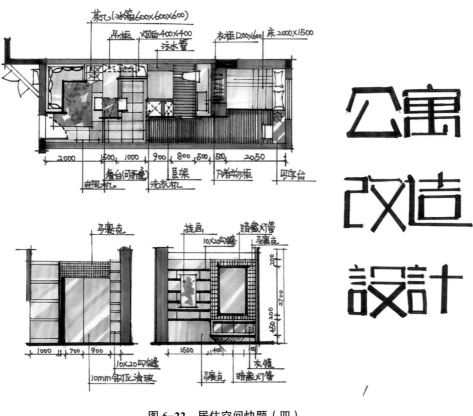

图 6-22　居住空间快题（四）

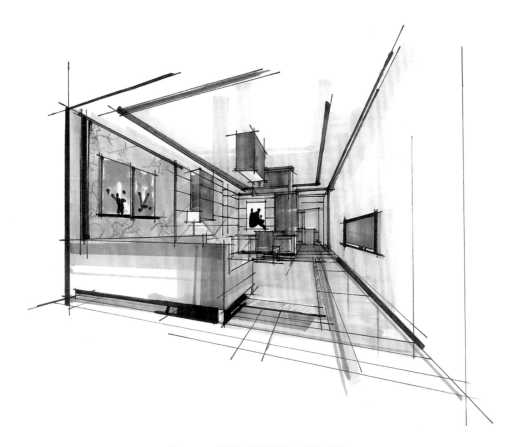

图 6-22　居住空间快题（四）（续）

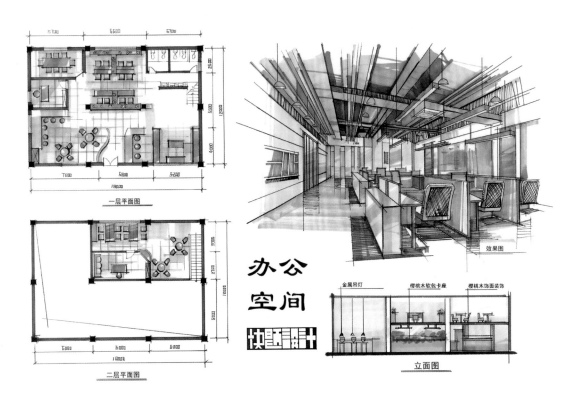

图 6-23　办公空间快题（一）

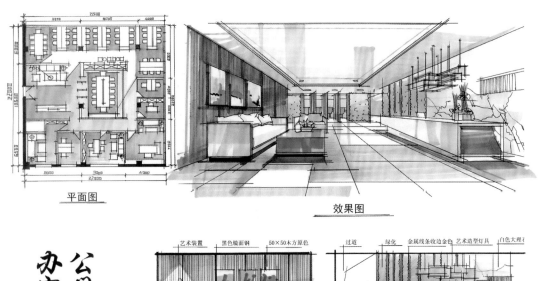

办公空间设计

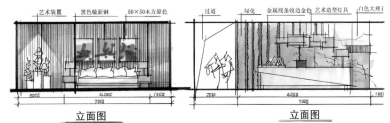

图6-24　办公空间快题（二）

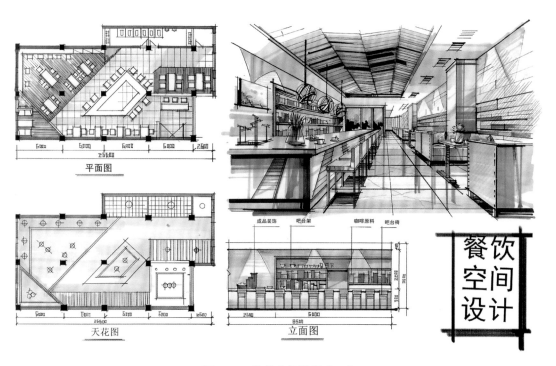

餐饮空间设计

图6-25　餐饮空间快题（一）

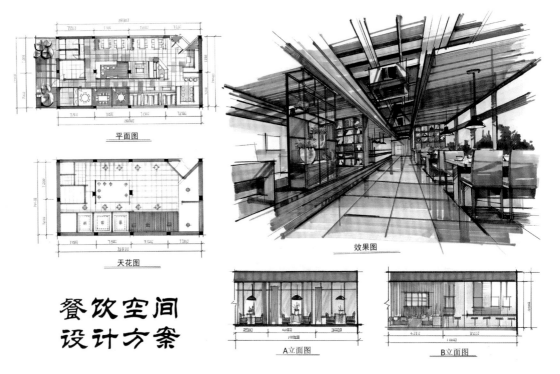

图 6-26　餐饮空间快题（二）

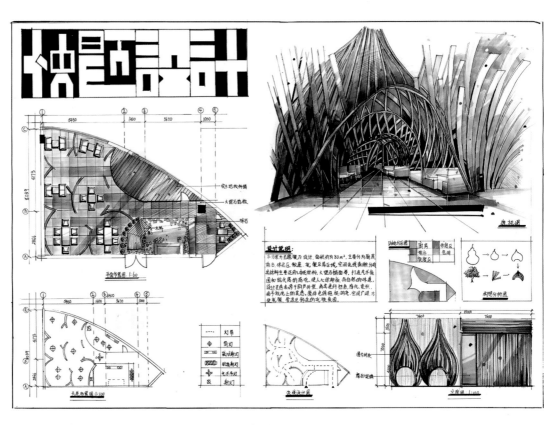

图 6-27　餐饮空间快题（三）

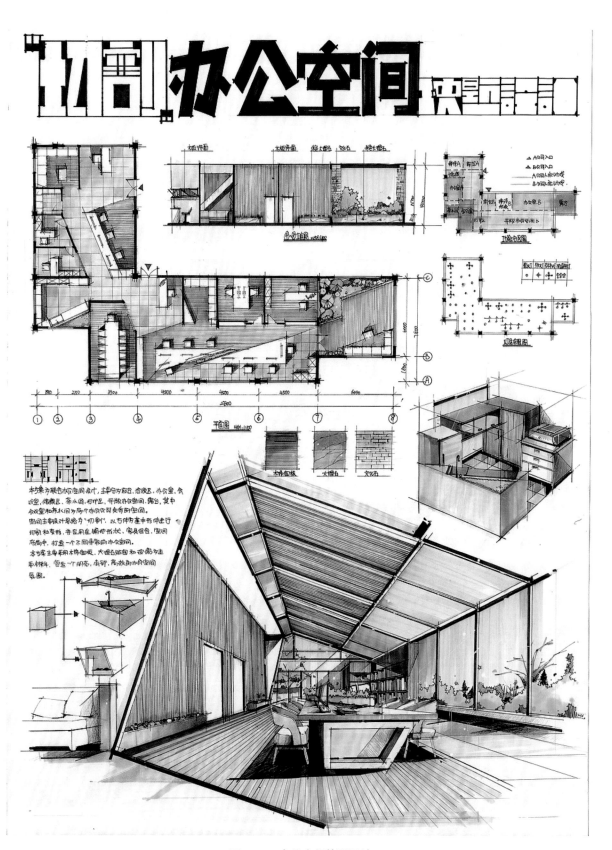

图 6-28 办公空间快题设计

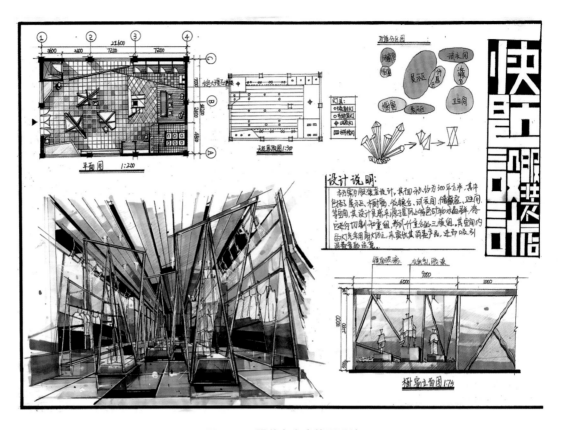

图 6-29　服装专卖店快题设计

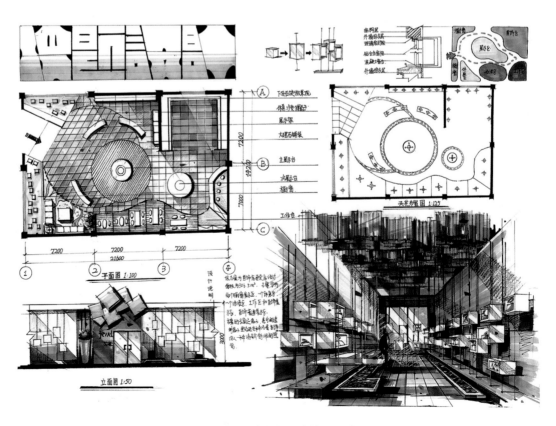

图 6-30　首饰专卖店快题设计

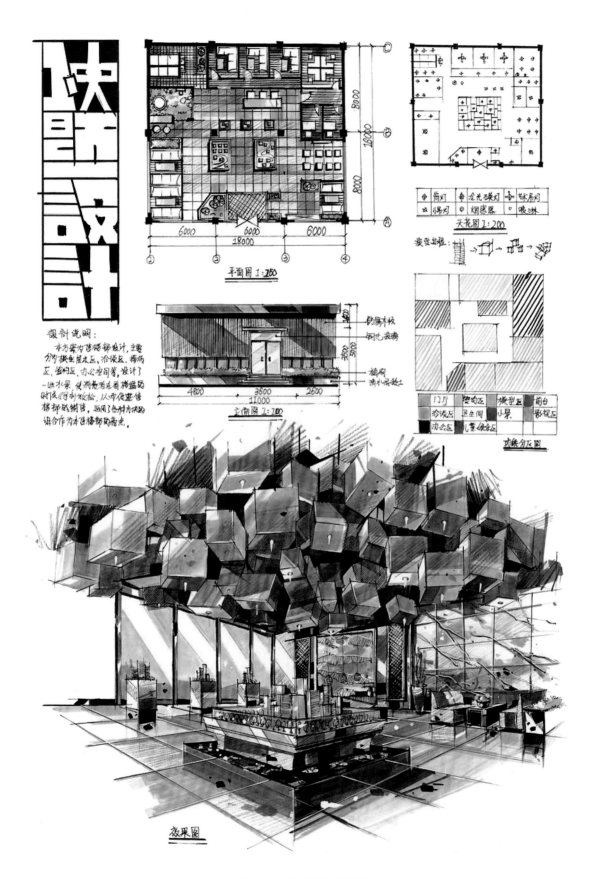

图 6-31　售楼部快题设计

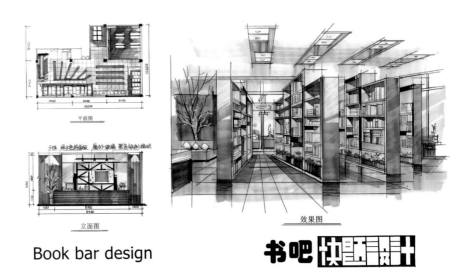

Book bar design

图 6-32　书吧快题设计

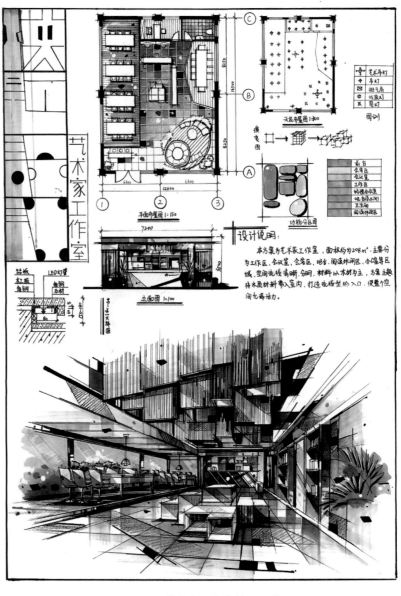

图 6-33　艺术家工作室快题设计

参 考 文 献

［1］陈春娜，李庆明．室内设计空间手绘表现 [M]．北京：清华大学出版社，2020．

［2］张心，陈瀚．环境设计手绘表现技法 [M]．上海：上海人民美术出版社，2020．

［3］张风，周雪菲．手绘设计草图表现技法 [M]．长沙：湖南科学技术出版社，2016．

［4］庐山艺术特训营教研组．室内设计手绘表现 [M]．沈阳：辽宁科学技术出版社，2016．